深圳地下空间
开发利用战略构想

Strategy and Conceptualization of Underground Space Development and Utilization in Shenzhen

谢和平　朱建波　陈宜言　彭　琦　张艳辉　著

科学出版社
北京

内 容 简 介

城市地下空间作为城市的第二空间，是未来城市发展的重要方向。本书由谢和平院士领衔的研究团队，对城市地下空间的开发和利用进行了多年的研究探索，形成了城市地下空间开发利用战略构想的原创成果。为满足新时代绿色生态城市可持续发展要求，贯彻智慧城市发展构想，本书提出了时空协同绿色智能地下空间开发利用理念，构建了深圳未来地下空间发展的总体目标，即创新提出科学化、综合化、生态化、深层化、信息化、人性化的地下空间开发体系，描绘了深圳未来地下空间三个阶段的战略发展蓝图，并提出了深圳未来地下空间发展的四大方略。

本书可为行政管理人员、国内外研究机构及企事业单位提供参考，也可作为从事城市规划、地下空间、岩土工程、绿色能源及其相关专业的本科生、研究生、现场工程技术人员参考与使用。

图书在版编目(CIP)数据

深圳地下空间开发利用战略构想＝Strategy and Conceptualization of Underground Space Development and Utilization in Shenzhen / 谢和平等著. —北京：科学出版社，2020.5

ISBN 978-7-03-064828-0

Ⅰ. ①深… Ⅱ. ①谢… Ⅲ. ①地下建筑物－城市规划－研究－深圳 Ⅳ. ①TU984.265.3

中国版本图书馆CIP数据核字(2020)第062316号

责任编辑：李 雪 / 责任校对：王萌萌
责任印制：徐晓晨 / 封面设计：无极书装

科学出版社 出版
北京东黄城根北街 16 号
邮政编码: 100717
http://www.sciencep.com
北京建宏印刷有限公司 印刷
科学出版社发行 各地新华书店经销
*
2020 年 5 月第 一 版 开本：720 × 1000 1/16
2021 年 3 月第二次印刷 印张：14 1/4
字数：201 000

定价：198.00 元

作 者 简 介

谢和平，1956 年 1 月出生，湖南双峰人，能源与力学专家，2001 年当选为中国工程院院士。深圳大学特聘教授，深圳大学深地科学与绿色能源研究院院长，广东省深地科学与地热能开发利用重点实验室主任，四川大学原校长、教授、博士生导师。国务院学位委员会委员，中国科学技术协会常委。*Geomechanics and Geoengineering: An International Journal* 期刊荣誉主编、*Geomechanics and Geophysics for Geo-Energy and Geo-Resources* 期刊主编、《工程科学与技术》期刊主编。

谢和平院士长期致力于深地科学与绿色能源领域的基础研究与工程实践，开创了岩石力学分形研究新领域，开拓了裂隙岩体损伤力学研究新领域，构建了深部岩体力学与开采理论研究框架，探索了低碳技术与 CO_2 矿化及综合利用。目前正深入探索深地科学与原位保真取芯探矿、粤港澳大湾区地热勘探开发利用、地下空间开发利用、中低温地热磁浮发电变革性技术和温差材料发电颠覆性技术、工程扰动岩石动力理论与技术、低碳与海水制氢等能源化利用技术、月基能源资源探测前沿技术以及深部固体资源流态化开采理论和技术。已出版 10 余本中英文专著，发表 500 余篇论文。

谢和平院士荣获首届中国青年科学家奖(技术科学)、何梁何利科学与技术进步奖(技术科学奖)。作为第一获奖人获国家自然科学奖二等奖、三等奖，国家科学技术进步奖二等奖、三等奖。被英国诺丁汉大学、德国克劳斯塔尔工业大学、香港理工大学授予“荣誉博士”学位，获牛津大学授予的“牛津大学圣艾德蒙 Fellow”学术称号。

前　言

人类社会发展极大地消耗了地球资源，加之地面环境承载力极其有限，因此“向地下要空间、要资源”成为人们寻求良好生存环境、探索人类可持续发展的有效途径。在生态环境需求日益提高、生态文明建设深入人心的今天，“绿色城市”“森林城市”“海绵城市”等概念层出不穷，生态绿色城市发展已成为全球共识和发展趋势，生态绿色已成为世界卓越城市的基本要素和底色。因此，开发和利用地下空间对于城市的生态绿色可持续发展具有重要的现实意义及深远影响。

城市地下空间作为城市的第二空间，是未来城市发展的重要方向。1991 年，第四届国际地下空间大会认为：19 世纪是桥的世纪，20 世纪是高层建筑的世纪，21 世纪是人类开发利用地下空间的世纪。2019 年 11 月 17 日，首届国际地下空间探测与利用学术大会发布《武汉宣言》，旨在呼吁不同专业密切协作，不同国家与地区互学互鉴，地下空间协同开发与可持续发展。由此可见，城市地下空间开发利用为大势所趋，是解决“城市综合征”、保障城市生态绿色可持续发展的重要举措。

巴黎、纽约、新加坡、东京等世界卓越城市地下空间开发利用总体呈现出地上地下统筹协调发展（科学化）、环境友好型资源节约型开发（生态化）、地下多功能综合利用（综合化）、深度开发分层规划（深层化）、智能监测智慧管理（智能化）、以人为本（人性化）的大趋势。比如，新加坡 2018 年发布了“Find Space for the Future”的地下空间开发利用总体规划，科学化规划地下空间，深层化（＞100m）分层利用地下空间；蒙特利尔早至 1962 年起就开始建设世界最大的地下城，集各种功能于一体，实现地上地下统筹、地下多功能综合开发利用；斯德哥尔摩的地铁系统已实现信息化智能化，且兼顾考虑人文艺术感觉，将地铁系统艺术展馆化，号称是“世界上最长的艺术博物馆”；纽约地下空间的发展更加趋向于生态环保，地下公园、地下农场等已成为地下空间的发展方向。

近年来，我国城市地下空间开发利用发展迅速。比如，在《北京2004地下空间总规》的指导下，北京城市地下空间开发利用快速推进，每年地下空间建筑面积已经超过300万m^2。随着《上海市地下空间概念规划》和《上海市地下空间近期建设规划》的颁布实施，上海市地下空间的建设进入了一个高速开发阶段，目前上海地下空间开发已经初成体系，地下空间开发总量已经达到了1亿m^2。近年来，武汉城市地下交通建设飞速发展，便捷的地下交通成功实现了人车分流，解决了江河造成的空间区域交通分割的难题。青岛特殊的地理位置使其建设了大量的人防工程，人防建设以平战结合为原则，规划建设了一批兼具人防功能的地下公共设施。在《关于进一步鼓励开发利用城市地下空间的实施意见》的指导下，成都以“有效利用、公共优先、科学规划、系统开发、有序建设、强化管理”为基本原则，鼓励支持城市地下空间开发利用。《河北雄安新区规划纲要》明确提出要合理开发利用地下空间，协调各地下系统的平面及竖向层次关系，实施分层管控及引导，积极推进地下空间管理信息化建设。深圳是目前全国地下空间开发利用总体水平最高的城市之一，《深圳市城市总体规划(2010—2020)》在国内首次将地下空间相关内容纳入城市总体规划，至2018年年底，全市城市轨道运营总里程超过300km，建成综合管廊总长约60km。

然而，城市地下空间的发展也面临着一系列的挑战。比如，战略构想长远规划缺乏，地下空间相关法律法规不健全；地上地下综合协调欠缺，低碳环保意识不足，未形成绿色构建的可持续发展态势；深地能源的开发利用较少及深地科研探索不足；信息化网络建设不完善，地下空间舒适度、人性化程度低，较少考虑人的感受和体验等。未来城市地下空间开发利用要结合世界卓越城市的发展趋势，聚焦当前所面临的瓶颈，充分利用相关先进技术和手段，实现地下空间的合理有序开发。

2019年2月18日，《粤港澳大湾区发展规划纲要》正式发布，纲要指出：将大湾区建设成为充满活力的世界级城市群、具有全球影响力的国际科技创新中心、“一带一路”建设的重要支撑、内地与港澳深度合作示范区和宜居宜业宜游的优质生活圈。2019年8月18日中共中央国务院出台《支持深圳建设中国特色社会主义先行示范区的意见》指出：到2025年，深圳经济实力、发展质量跻身全球城市前列，研发投入强度、产业创新能力世界一流，文化软实力大幅提升，公共服务水平和生态环境质量达到国际先进水平，建成现代化国际化创新型城市；到2035年，深圳高质量发展成为全国典范，城市综合经济竞争力世界领先，建成具有全球影响力的创新创业创意之都，成为我国建设社会主义现代化强国的城市范例；到2050年，深圳以更加昂扬的姿态屹立于世界先进城市之林，成为竞争力、创新力、影响力卓著的全球标杆城市。

深圳人口密度全国第一，土地资源寸土寸金，填海与高层建筑的发展空间非常有限，难以为继，合理有效开发和利用地下空间将是未来必然趋势。作为世界三大湾区之一的粤港澳大湾区是我国城市群建设的重点区域，然而各城市地下空间开发利用水平不均衡，各自为政，开发和利用地下空间将有助于超级城市群的协调发展和互联互通。因此，应从全球视野、长远发展和创新引领的战略高度出发，对深圳和大湾区的地下空间开发利用进行整体规划和顶层设计，打造城市空间充分利用、地上地下一体发展的世界级城市与城市群，实现大湾区地下一小时交通圈，以及物资、能源、人力、资金、信息等的互联互通，助力深圳建设中国特色社会主义先行示范区，实现粤港澳大湾区可持续发展。

为满足新时代绿色生态城市可持续发展要求，贯彻智慧城市发展构想，本书首次提出了时空协同绿色智能地下空间开发利用理念，构建了深圳未来地下空间发展的总体目标，即创新提出“六化”(科学化、综合化、生态化、深层化、信息化、人性化)的地下空间开发体系，加快建成时空协同绿色智能的地下空间利用先行示范区，打造社会主义现代化强国的城市范例。在此基础上，我们描绘了深圳未来地下空间2.0\3.0\4.0(三个阶段)的战略发展蓝图，提出了深圳未来地下空间发展的四大方略(即时空规划、协同发展、绿色生态和智能管理)，并论述了深圳未来地下空间开发利用关键技术与设施，以实现深圳地下空间优先开发、大湾区地下空间协调同步利用，进而促进城市地下空间(城市第二空间资源)的快速蓬勃可持续发展。

全书共八章。第 1 章从欧洲、北美、亚洲等地区的发达国家和国内重点地区地下空间开发利用现状出发，综述了各个国家和地区的地下空间发展模式，提出了目前我国地下空间开发利用存在的问题与挑战。第 2 章分析了世界卓越城市地下空间发展的特点，总结出科学化、生态化、综合化、深层化、智能化和人性化的六大地下空间开发利用未来趋势。第 3 章从地下轨道交通、城市地下道路、地下综合管廊、地下商业中心等方面介绍了深圳地下空间开发利用现状，通过几个深圳地下空间开发利用经典案例总结了深圳在地下空间开发利用方面积累的经验，并剖析了深圳发展地下空间面临的风险与挑战。第 4 章介绍了深圳未来地下空间开发利用理念、目标与战略构想，力争将深圳打造成为地下空间开发利用的中国特色社会主义先行示范区和社会主义现代化强国城市范例，提出了时空协同绿色智能地下空间开发利用理念，描绘出深圳未来地下空间开发利用 2.0\3.0\4.0(三个阶段)战略蓝图，提出了深圳未来地下空间发展四大方略，论述了深圳未来地下空间开发利用的关键技术，并介绍了地面功能与设施地下化的构想。第 5 章介绍了深圳未来地下空间时空协同发展战略构想，立足深圳各区发展概况和功能定位，提出了深圳地下空间分区规划、分层开发、分阶段利用和协同发展的总体战略。第 6 章介绍了深圳未来地下空间生态发展战略构想，提出了构建地下空间自循环系统和城市地上地下生态圈的技术体系。第 7 章从城市地下空间开发利用直接经济效益和间接社会效益的角度，分析了地下空间开发利用对城市发展的效益。第 8 章分析了粤港澳大湾区地下空间开发利用背景和现状，提出了大湾区协同规划发展的地下空间开发利用总体战略构想和具体战略构想。

本书撰写人员包括谢和平、朱建波、陈宜言、彭琦、张艳辉、罗毅、毕硕、杜帅等。

本项目在研究过程中得到了深圳市市政设计研究院有限公司咨询项目“深圳地下空间开发利用战略构想”（编号：HTSP-27143）和广东省珠江人才创新创业团队项目的资助；本书的出版得到了中国工程院、国家能源局、深圳市规划和自然资源局、深圳市国土发展研究中心、深圳大学、深圳市市政设计研究院有限公司、天津大学等单位的大力支持；王成善院士、孟建民院士、陈湘生院士、陈宜言大师、董树文教授、赵坚教授、李清泉教授、秦勇教授、余克服教授、林强有教授级高级工程师、荆伟教授级高级工程师、王建新教授级高级工程师、卢永华教授级高级工程师、刘虹研究员、李雪编辑、翟天琦博士、李瑞博士等给予了无私指导与热心帮助，在此一并表示衷心的感谢。

谢和平

中国工程院院士

深圳大学深地科学与绿色能源研究院院长

2020年1月

目　　录

第 1 章　国内外城市地下空间开发利用现状

1.1　人类地下空间开发利用历史

“宙合之意，上通于天之上，下泉于地之下。”古往今来，人类对生存空间的探索和思考从未停止，人类漫长的发展史就是一部对生存空间的开拓史。从远古时期群居于地球构造运动形成的天然洞穴，到中古时期聚居于阡陌纵横的乡间村落，再到现代机械建造的高度一体化的城市群，生存空间的发展演化是人类文明发展的一个缩影(武子栋等，2019)。人类对空间的开发改造体现了人类在不同文化背景、地域差异条件下为自身发展争取更优越生存环境做出的努力，也代表了不同种族，不同文明对空间的理解。

1.1.1　古代

史前时代的人类由于生产技术落后，无法修建地面建筑用以躲避自然灾害、防止野兽攻击以及储存食物，只能利用地球构造运动形成的洞穴进行生产活动，因此，天然洞穴成为人类利用地下空间的最初形式。随着人类生产技术的发展，兴建构筑物成为可能。人类对于地上结构的修筑主要用于居住，对地下空间的利用主要以采矿、输水、储物及丧葬为主，这种发展趋势一直持续到工业革命。在此期间的地下空间利用多数规模较小，只有帝王墓葬和少数输水隧道对地下空间的开发规模较大，为后世人类留下了丰富的地下文化遗产，如古埃及时期修建的金字塔(图 1-1(a))、古巴比伦时期修建的幼发拉底河隧道、古代波斯修建的地下水路及古代中国秦朝修建的秦始皇陵等(图 1-1(b))。

古代人类由于生产力长期处于较低水平且地上空间资源丰富，建造地下空间更多的是出于迫不得已。对地下空间的开发利用主要是陵墓或宗教祭祀建筑，用于满足统治阶级的特殊需求。

(a) 金字塔

(b) 秦始皇陵

图 1-1　金字塔和秦始皇陵

来源：(a) https://sh.newhouse.fang.com/2016-09-14/22871924.htm
(b) http://luxury.zdface.com/life/lygl/2018-11-24/756145.shtml

1.1.2　近代

工业革命以后，人类科技迅速发展，商品经济开始繁荣。特别是第二次工业革命以后，资本主义的社会化生产大大加强，自然科学研究取得重大突破，人口大规模向城市聚集，对人员以及商品的交通运输和地下排水系统的需求日渐提高。这一时期各种新技术新应用出现，特别是硝化甘油炸药的成功发明，为地下空间的大规模修建提供了条件。这一时期地下空间利用的主要成就体现在交通运输隧道和地下排污系统(范文莉，2007)。例如，1863 年正式投入运营的伦敦地铁、连接法国和意大利并贯通阿尔卑斯山的公路隧道以及法国巴黎建造的大规模地下污水排水系统，其中部分管道的设计建造已经初步出现了共同沟的设计概念。

1.1.3　现代

进入 20 世纪以后，伴随城市轨道交通进行的城市地下空间开发利用越来越多。二战后，现代城市地下空间开发理念诞生，为缓解越来越激烈的用地矛盾，越来越多的城市地下空间由单一的轨道交通运输向城市基础设施、商业开发、人防工程、资源储存等多方面发展方向转变。

从历史维度来看，人类地下空间的利用经历了由单一用途向多种用途的转变，地下空间开发的种类也越来越多。由于世界各大城市用地紧张问题越来越突出，如何用有限的土地资源去满足城市居民的生产生活需要成为各国政府亟须解决的问题。地下空间作为城市空间资源的一部分，用以辅助支持城市地上部分人类的生产活动具有无可替代的优势，已经成为城市规划建设的必要组成部分。各地市政部门广泛地采用地下空间提高城市运行效率，改善城市生态环境，增强城市竞争力。

1.2　海外城市地下空间开发利用现状

地下空间的兴建主要服务于经济建设，作为率先实现经济现代化的地区和国家，欧洲、北美和日本利用不同的地质地理条件、经济文化条件探索出了具有各自特色和优势的地下空间发展模式，为发展中国家和地区的地下空间建设提供了丰富的经验。

1.2.1　欧洲地下空间开发利用

欧洲是地下空间开发利用的先行者，在地下空间开发利用方面具有先进的理念，特别是在对市民生活质量有决定性影响的市政基础设施建设和公共文娱生活等方面。

1. 先进的地下市政基础设施

瑞典地处北欧，在使用地下空间改善居民的生活环境方面具有丰富的经验。20 世纪 60 年代瑞典已经试验尝试采用管道清理垃圾，并成功研制出一套空气通风系统用于吹送垃圾。一套空气吹清垃圾系统配套垃圾回收和处理系统可以满足一座约 1700 户家庭的居住小区使用 60 年，并在 4～6 年内收回建设投资，同时满足生态效益和经济效益。瑞典为节约资源，提高能源利用率，采用集中供暖，大规模地建设地下供暖隧道。现在瑞典正在试验地下储能设施，利用地下贮热库，为节约工业余热和太阳能创造条件。为保护波罗的海和城市水源环境，瑞典修建了大规模的地下排水系统。在建造规模和处理效率上，瑞典的地下排水系统都处于领先地位。斯德哥尔摩的排水系统隧道长约 200km，在市域范围内建造有 6 座大型污水处理系统，污水处理系统全部位于地下，且处理率为 100%。建成于 1969 年的夏帕拉污水处理厂与邻近居民社区的最短距离为 200m，平均日处理污水量为 22000m^3，为解决如此大规模的污水处理对居民区环境的影响，通过将污水处理系统的通风口设计在地下 15m 处，最大限度地减少了污水处理对居民区生态环境的破坏(崔曙平，2007)。

启用于 20 世纪 80 年代的挪威 VEAS 污水处理厂(图 1-2)由 11 个平行建造的地下硐室组成。每个硐室的宽度为 16m，中间设置 12m 宽的间隔墙。作为欧洲现存最大的污水处理厂，VEAS 污水处理厂每天可处理约 30 万人产生的污水量，其每天的污水处理量为 41.47 万 m^3。为保护周围的生态环境，减少污水处理对周围办公人员的影响，VEAS 污水处理厂距离附近办公楼约 500m，排放隧道长约 800m，且其通风口设置在地下约 18m 处(包太等，2003)。

(a) VEAS地下硐室平面布置图

(b) VEAS污水处理厂入口

图 1-2　挪威 VEAS 污水处理厂

俄罗斯是地下空间开发利用经验最丰富的国家之一。俄罗斯具有非常发达的地铁系统，其运营效率高，每日客运量大，为最大限度地减少乘客在转乘站之间的换乘时间，每个转乘站都进行了特殊布置设计，使乘客可以在最短的时间内抵达目标站台。俄罗斯地铁每个车站和区间的建筑风格各有特色，高效的运输效率和高质量的建筑设计使俄罗斯地铁获得了世界各国地下空间建造者的高度评价。俄罗斯的地下综合管廊建设也走在世界前列，莫斯科已经建成的 130km 长的综合管廊，将燃气管道、通信电缆、电力电缆、给水管线等多种管道统一规划设计、统一建设管理，保障城市的运行(崔曙平，2007)。

2. 丰富的地下公共文娱设施

为节约有限的土地资源，利用天然优质的岩石层，芬兰将部分体育文娱设施修建在地下，如闻名于世的地下岩石教堂(图 1-3)(杨益和陈叶青，2018)。

图 1-3　芬兰地下岩石教堂

来源：http://www.sohu.com/a/105946215_428241

作为人均汽车保有量最高的城市之一，巴黎修建的 83 座地下车库成功地保证了城市的高效运转，节约了大量的地上土地资源。巴黎的地下车库可容纳 43000 多辆车，其中的弗约大街四层地下车库为全欧洲最大的车库，可同时停放 3000 多辆车。巴黎的列·阿莱地区通过旧城改造，将商业、文娱、体育、交通等多种设施场地布置在地下，建成一个总面积超过 20 万 m^2 的大型地下空间综合体，成功地将一个食品交易批发中心改造成了一个集多种功能为一体的公共生态生活广场，是旧城改造和地下空间利用的典范(崔曙平，2007)。

1.2.2　北美地下空间开发利用

美国和加拿大是地下空间开发程度较高的两个国家。

1. 美国城市地下空间

1)地下交通系统

美国拥有世界上最发达的城市轨道交通系统，其地铁线路的数量位于世界前列。纽约市地铁系统(图 1-4)是世界上最繁忙的地铁系统之一。

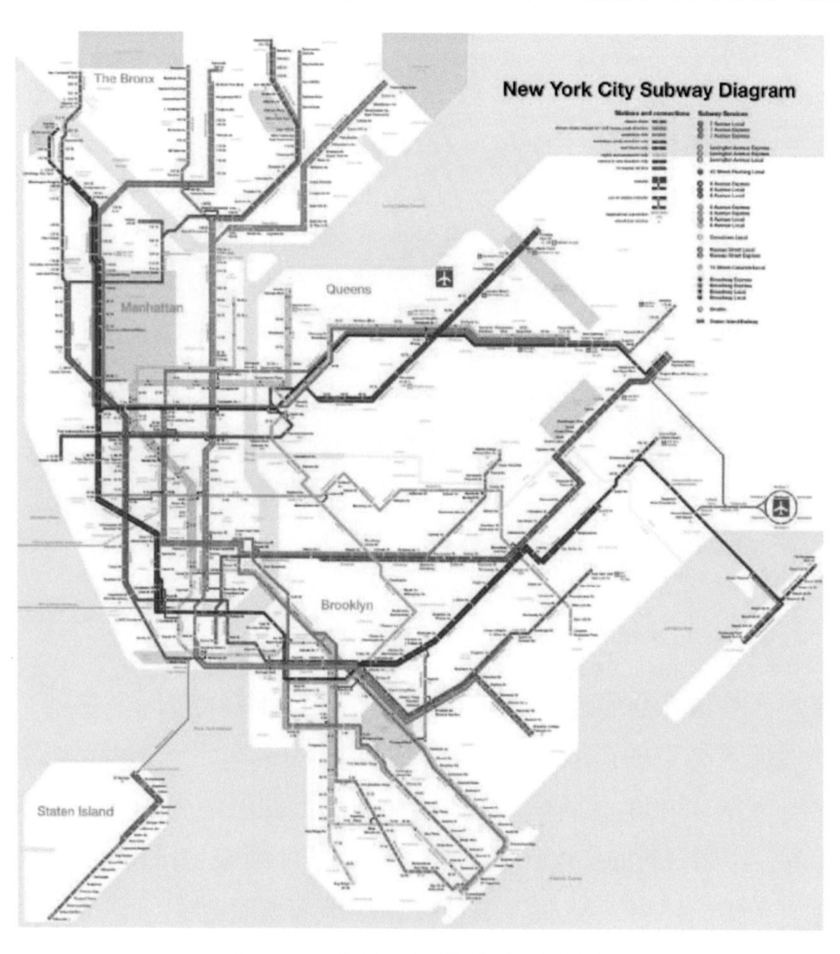

图 1-4　纽约市地铁线路示意图

来源：https://commons.m.wikimedia.org/wiki/File:NYC_subway-4D.svg#mw-jump-to-license

目前纽约市建成约 443km 长的地铁运营线路，设置 504 个出入车站，每天满足约 510 万人次的运输需求。纽约地铁线路设计科学、纵横交错、线路众多、位于地下深度位置，设计合理，可以满足纽约中心区约五分之四的上班人员出行。相比俄罗斯莫斯科地铁优雅的建筑风格，纽约地铁车站的建筑风格较为朴素，充分体现了高效、经济、便捷的设计特点。为缓解纽约地面交通压力，纽约将部分地铁和地下过街通道连接，建成的地下步行通道系统接入各主要大型公共建筑，使地面交通达到人车分离的目的，提高城市运行效率(康宁，2001)。

美国在发展以运输人员为主要目标的地下轨道交通系统时，也在广泛打造便于车辆通行的公路隧道交通系统。美国公路隧道的规模和建造技术在世界上都处于领先水平，其中，纽约州修建的直径 12.5m 的双线隧道贯穿砂岩长达 488m；明尼苏达州采用跨变钢构结构修建的双线隧道跨度达到 16.8m，长度达到 300m，运用于高速公路通行；直径达到 24.4m 的贝克里隧道是世界上直径最大的公路隧道(夏永旭，2006)。

2) 平战结合开发

美国的地下空间设计涉及平战结合的范围非常广，包括商场、学校、车库等。美国的商场分布较为广泛，一般商场修建在活动广场周围、高层建筑下方或接入地铁口且与公共建筑设施接通。美国的地下空间设计对地下结构内的基本采光、通风、照明的设计要求考虑非常细致，在装修设计风格方面以朴实为主，如内建喷水池和花坛的地下商业广场，应用有机玻璃引进自然光等。另外美国的地下空间设计在消防设计方面要求较高，多设置自动化喷淋设备和防火器材。纽约曼哈顿地下综合体的采光、照明、通风等设施设计巧妙，并具有完备的消防系统，集商业、金融、交通、文化娱乐、办公等功能为一体，可以使人不出地面就满足在各方面上的需求。

美国各州的教室、图书馆、实验室等公益性建筑也承接了部分平战结合的功能，有效地节省了资源。位于明尼苏达大学采矿系内的地下馆(图 1-5)埋深达到了 30 多米，分为上下 7 层，建筑面积达到了 1.4 万

m^2，其中接近 1 万 m^2 位于土中。结构试验大厅位于地下馆的中间层，周围采用掘开法修建办公室和附用房。4 万余 m^2 的教室和试验室位于土层下的岩层中，距地表约 30m，两部分建筑通过内设楼梯和电梯的竖井连接。地下管采用日光传输光等系统和遥视光学系统将地面校园风景折射进位于地下 30m 的教室内，以消除人们对地下建筑的心理障碍(童林旭，1985)。

图 1-5　美国明尼苏达大学地下馆

来源：https://www.docin.com/p-645321836.html

3)地下供水系统

美国大型城市的供水系统和排水系统大部分布置在地下。纽约市的供水系统由水库、引水渠和泵站组成，建在地下岩层内。三条城市供水隧道进入市区后转入地下，在地下经城市配水系统后向市区供水。芝加哥的饮用水源易受污染，且排水系统建设不足。为解决原有给排水系统问题，芝加哥市政府进行了一系列输水和蓄水工程建设，包括 251 个垂井式蓄水池、数个地下泵站以及直径 10m、长达 177km 的排水隧道。蓄水池用于储存日常生活的污水和雨水，生活污水经处理后排入五大湖。和芝加哥相同，波士顿的污水处理系统也设置在地下，其修建大量地下洞室错峰储存、处理污水(马怀廉等，2001)。美国在立体化应用城市空间方面具有先进的理念，并且重视城市地下空间的开发，广泛地利用地下空间进行城市综合治理，优化城市绿化、交通和住房空间配比，修筑了大量的地下市政管网、油气库、物资库、粮库、水工结构等基础设施，致力于建造舒适的工作和生活空间环境。

2. 加拿大城市地下空间

加拿大每年有持续五个月的漫长寒冬，给人们的生活和出行造成很大的困扰，但相比于地上空间而言，地下空间恒温恒湿，可以保证严寒条件下的各种商业、文娱、体育活动正常进行。多伦多和蒙特利尔的地下步行道系统规模庞大，设计科学合理，优雅的建筑环境和人性化环境使加拿大的地下步行道系统闻名于世。20 世纪 60 年代，蒙特利尔市政府利用承办世博会的契机，将地铁建设和周边地块大型建筑互动结合开发，利用公共地下步道将各建筑地下室连接，在建筑之间加设天顶，建成地下下沉广场，形成贯通地下商业区域，连通地铁、大型建筑物的大型地下空间网络城市。同时期，多伦多建造的大型地下步道系统布置了多座花园和喷泉，长达 9 个街区，共有 100 多个地面出入口通向地下，连通了市政厅、火车站、证券交易所、20 座地下车库、众多电影院、购物中心及一千多座零售商店，形成了大规模的地下空间构造设施(崔曙平，2007)。

1.2.3　亚洲地下空间开发利用

1. 日本

日本的国土空间狭小，土地资源紧张，地下空间的开发利用比西方国家起步晚，但其充分汲取了西方国家地下空间开发利用的先进经验，现阶段日本的地下空间建设已经居于世界先进水平，在综合管廊、公路隧道、地下商业开发及地下给排水系统建设方面的成熟程度居于世界前列。

1) 城市地下空间开发制度管理

日本在地下空间开发利用方面的立法(图 1-6)非常完善，其在地下空间建设方面的统筹规划系统性、设计施工组织综合协调方面处于世界先进水平。

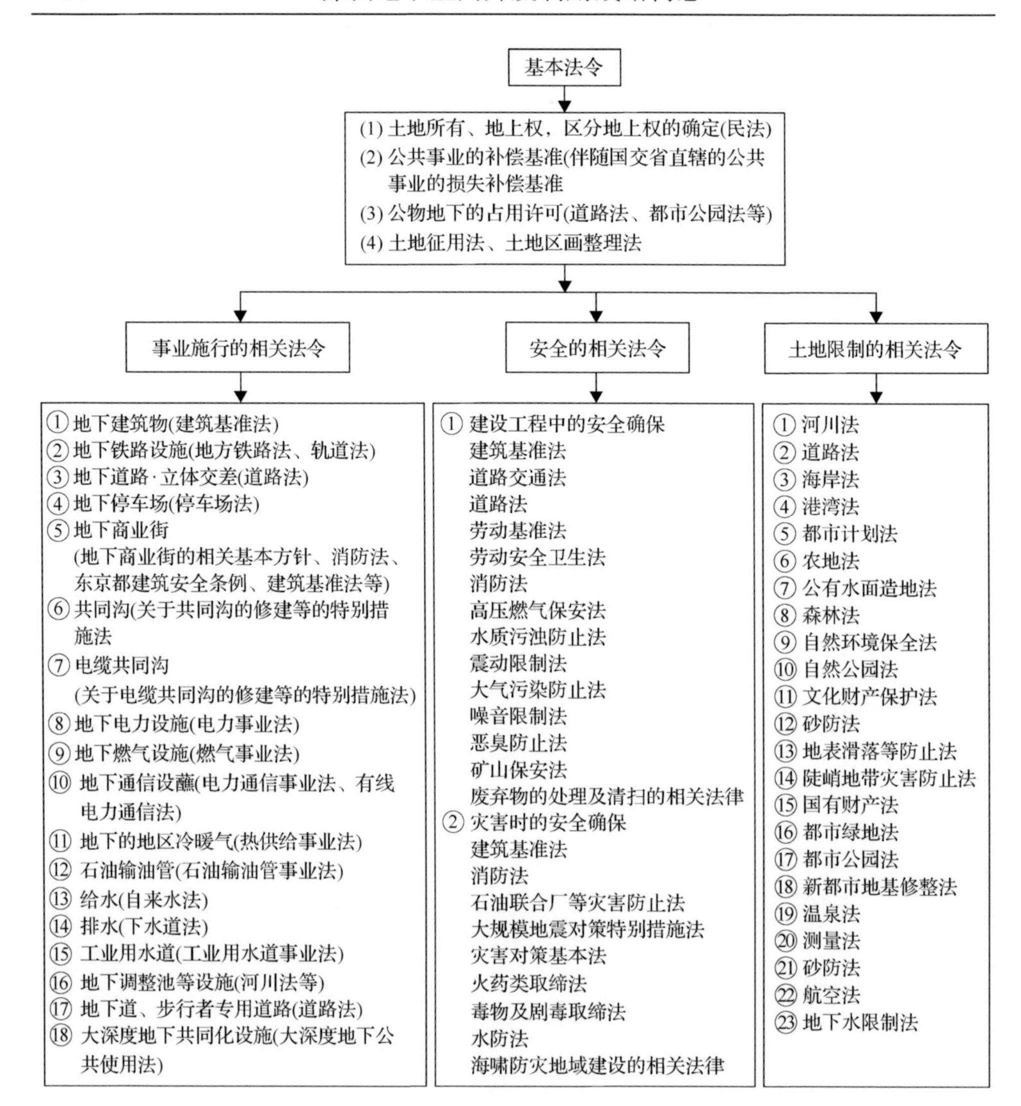

图 1-6　日本与地下空间利用相关的主要法令

日本在地下空间规划和建设方面已经颁布了《建筑基准法》、《道路法》、《轨道法》、《地方铁道法》、《共同沟特别措施法》、《驻车场法》、《河川法》以及《下水道法》等法律。为进一步规范地下空间建设的规划和建设管理程序，日本在 2000 年颁布了《大深度地下公共使用特别措施法》。在日本，道路地下空间作为城市中的公益建筑设施，也是城市中重要的空间资源，具有优先发展建设的资格，也正在有序开发建设。

目前，日本关于地下空间方面的立法已经涉及建设领域各个方面，包括建设厅、消防厅、运输省、警察厅等多个部门的合作协调，《地下街的使用》、《关于地下街的基本方针》和《大深度地下公共使用特别措施法》已经成为规范日本地下街建设的基本法律文件(刘春彦和沈燕红，2007)。

2) 地下综合管廊建设

发展地下综合管廊解决地下多种用途管道改造、节约地下空间资源已经成为世界各大主要城市的共识。地下综合管廊在提高地面交通运输效率、改善管线管理、提高管道安全性、经济性方面具有无可替代的优势，日本的地下综合管廊在数量和质量上都走在世界前列。目前，日本已经建成的综合管廊达到 526km，作为各大城市公共服务设施的重要部分，日本各地市建设局统一规划、建设、运营综合管廊，协调燃气管线、强电线缆、弱电光缆、给排水管道等多种管线入廊，同时建设综合管廊的成本由各市政府承担，各管线单位配合管线布置(朱思诚，2005)。通过由政府和各加入综合管廊的管线单位共同承担维护运营费用，提高管线单位入廊的积极性。日本已经形成了一套成熟的建设、管理地下综合管廊的科学方法。

3) 首都圈外围排水道

受海洋气候的影响，日本每年降水量较多。防洪、防涝历来都是东京首都地区和大阪近畿地区需要解决的问题。随着持续、大量的财政投入，日本在规划中大规模应用城市绿地和吸水地面，充分利用已有城市水系，已经建设完成了作用完备的地下排水系统。

位于琦玉县春日部市的“首都圈外围排水道”是世界上已建规模最大的地下排水系统。“首都圈外围排水道”是通过人工隧道将中小河流中的洪水引入江户川来解决城市洪水问题。通过在中川、仓松川、大落古利根川等中小河流中建造 5 个直径 30m、深 60m 的引水坑，将城市洪水导入直径 10m 的地下水工隧道，隧道中的水汇集到巨型调压水槽中，控制台则根据调压水槽中的水量将水排入江户川中(任彧和刘荣，2017)。

2. 新加坡

作为一个城邦国家，新加坡土地资源严重不足。截至 2017 年，新加坡的人口密度已经达到了 7915.7 人/km²，是世界上人口密度最大的地区之一。开发地下空间资源成为新加坡政府解决土地资源紧张的主要措施，得到了规划部门的高度重视。新加坡的地下空间开发始于 20 世纪 80 年代，经过近 40 年的开发建设，新加坡在地下空间开发利用的理论知识和技术实践方面都已走在世界前列，先后建成了一批适应其城市特色的地下轨道交通系统和地下商业街、地下车库、地下综合管廊、地下储存库等基础设施(李地元和莫秋喆，2015)。

1)地下轨道交通系统

为缓解日益严峻的地面交通压力，新加坡于 1987 年开始构建地下轨道交通系统，现已成为世界上最为便捷、高效的公共交通设施之一。图 1-7 是新加坡当前的地下轨道交通路线图。

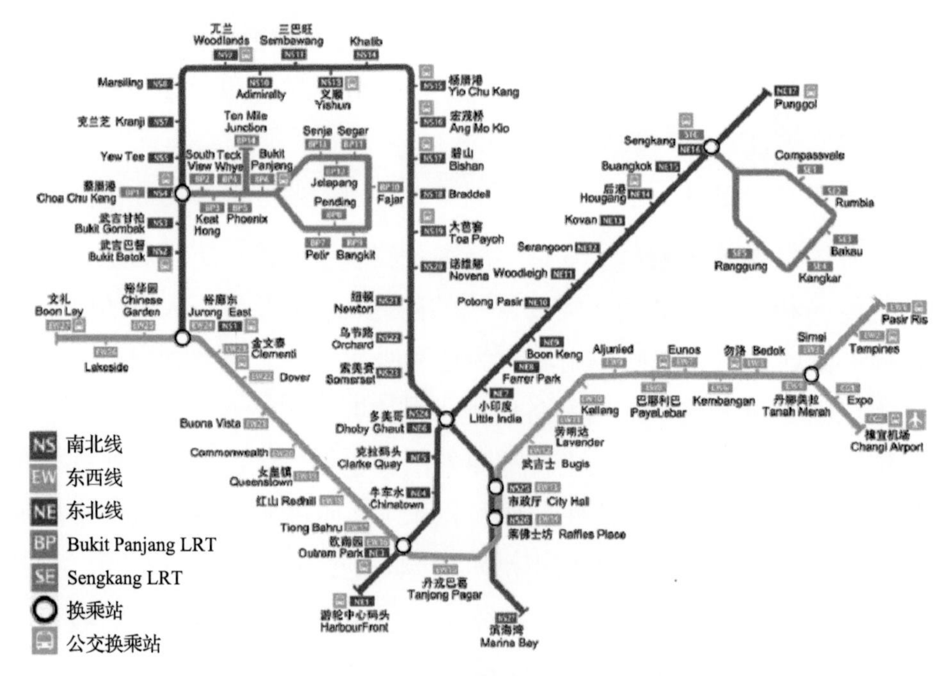

图 1-7 便捷的新加坡轨道系统示意图

来源：https://clubfiles.liba.com/2010/12/28/18/30611428.gif

新加坡地下轨道交通系统共有4条主干线，分别为东西线、南北线、东北线以及环线。东西线从巴西立(或从樟宜国际机场)到西部群岛，南北线从滨海湾通往裕廊东，东北线从港湾到东北部的榜鹅，环线从港湾到多美哥和滨湾。其中，南北线和东西线是新加坡地铁网络的主干线，全长为83km，纵横穿越新加坡岛全境(邵根大，2010)。

新加坡地铁施工主要采用盾构机或新奥法施工，局部区域采用明挖法施工。由于新加坡大部分地铁车站位于城市中心区域，周边建筑物众多，所以对因隧道施工引起的变形控制严格。根据新加坡地铁公司和轨道保护规程规定，由隧道施工引起的周边建(构)筑物变形允许值不大于15mm。新加坡特殊的地质条件和严格的规定对地铁修建的施工工法、变形监测、施工现场管理及数值模拟分析提出了更高的要求，新加坡因此也解决了大量复杂施工条件下地铁车站及区间修建的技术难题，为世界上同类型条件下的地铁工程提供了参考案例。

2)地下管网系统

作为一个降雨量丰富的热带城市，新加坡市内很少出现内涝现象，这与其科学规划的地下管网系统密不可分。新加坡公用设施局投资兴建了一个深埋排污隧道系统，系统包括一条排水隧道和一座污水处理厂(樟宜污水处理厂)。排水隧道长48km，最大直径达到了6m，最大埋深40m。污水处理厂的设计排水量为80万m^3/天，最高极限排水量可以达到240万m^3/天。同时，污水处理厂预留了将污水净化为工业用水的接口以解决将来可能出现的缺水状况。

为解决130万个家庭、商业和工业用户的用电需求难题，新加坡规划建造了一条深埋电缆隧道。电缆隧道埋深达到了60m，里面布置一条电伏高达400kV的电缆，隧道已于2012年9月动工。电缆隧道采用盾构法施工，直径为6m，为连接位于隧道北端和西端的3个发电厂，隧道也分为南北线和东西线，电缆隧道总长度为35km，总投资为20亿元(李地元和莫秋喆，2015)。

3) 地下储库

经过大量的地质勘查和岩石力学试验，新加坡中部地区的花岗岩和中西部的沉积岩层具有很好的抗爆性能，适合修建大型地下空间硐室。新加坡的万礼花岗岩地层有两亿年历史，属于三叠纪地质期，其硬度可以达到水泥的 6 倍，并具有天然冷却作用。万礼地下军火库于 2008 年正式启用，共建有多个储藏库，每个仓库高 13m、长 100m、宽 26m。仓库之间由双车道宽度的隧道连接，为满足“当其中一隧道爆炸时，不会对另一隧道产生破坏性影响”的要求，隧道之间的距离最小设置为 20m。万礼地下军火库在每个仓库门口设置留碎室，用以存留因爆炸产生的向外冲击的 90%的爆炸碎片，留存室也可以用来减缓因爆炸产生的火势。仓库同时采用电动钢铸防爆闸防止因爆炸产生的碎片、气浪、火势的冲击。万礼地下军火库位于地下数十米，所需安全地区面积仅为地上军火库的 10%，可以节约相当于 400 个足球场的空间资源；花岗岩地层良好的隔热作用，可以使万礼地下军火库的电力消耗仅为地上军火库的一半；万礼地下军火库的雨水收集和地面排水系统每年则可节省 6 万 m^3 水。万礼地下军火库节省了大量土地资源以及水、电力资源，是一个高效的地下军火库(李地元和莫秋喆，2015)。

为应对可能出现的石油危机，新加坡在裕廊岛修建了一座大型地下储油库。储油库建造于裕廊组沉积岩中，地处新加坡的石化产业基地，在选址时充分考虑了新加坡的地质构造特点和经济战略布局。裕廊岛地下石油储存库(图 1-8)位于海平面以下，面临着海水入侵和地下水渗漏的难题，为保障地下硐室开发安全，在建设前需完成水对岩石强度的影响分析、地下水渗流场以及流固耦合作用下硐室开挖的稳定性分析。通过大量的室内试验、数值模拟分析以及对地下硐室建造过程中的现场监测，已经取得了一批对地下硐室建设具有实践和技术指导意义的研究成果。地下石油储存库第一阶段的两座岩洞已于 2013 年建成，同时总储油量可供新加坡市民使用 1 个月的 5 座地下储油库已于 2014 年动工，位于海床下 100m 深处的 5 座岩洞共有 9 座储油长廊，每条长廊都有 9 层楼高(曾宏伟，2002)。

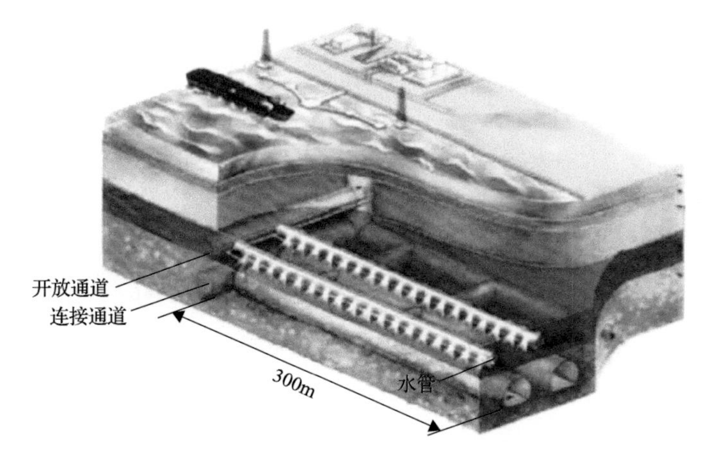

图 1-8　新加坡海底地下石油储存库示意(李地元和莫秋喆，2015)

3. 中国香港

中国香港受限于特殊的山岭地形，可开发的土地资源稀缺，是世界上人口密度最大的地区之一。为了应对在土地空间资源不足方面的挑战，向下拓展开发地下空间资源成为香港政府增加土地供应、建设可持续发展国际大都会的重要措施。经过近三十年的建设，香港已经积累了丰富的地下空间开发经验，建成了大量高质量、高效的地下空间设施(马正婧和张中俭，2018)。

1)城市轨道交通

独特的“轨道＋物业”发展模式使香港地铁成为具有独立盈利能力的地铁公司。目前，香港地铁运营的轨道交通线路已经达到了 225.2km，是香港城市重要的公共交通骨干。香港地铁建设模式特征为以轨道站点作为核心，综合开发站点周边 400～800m 范围内的物业、商业、交通设施，形成各类基础设施综合发展的格局。以九龙站为例，九龙站周边 200m 范围以内聚集了大量的写字楼和商场，200～500m 范围内的建筑则以住宅为主，站点地下两层则设有巴士站和出租车站点，实现各类交通水平方向和垂直方向的换乘，九龙站已经成为集各类用途为一体的超大型综合体。

香港集多种用途的轨道交通站点带动了地铁沿线周边区域的物业、

商业增值，围绕站点形成了办公、教育、文化、住宅等综合发展区域，周边区域的发展则进一步提升轨道交通站点的客流，为香港地铁提供可观的票务收入，形成了经济效益上的良性互动。香港“轨道+物业”的发展模式使办公、公园、商场、住宅等各类公共建筑分布于短距离步行可达的公共交通站点周围，依靠步行交通街道，减少了机动车的使用次数，有效缓解了地面交通拥堵、空气污染、能源消耗等问题。香港地铁开发的经验表明，地下轨道交通、商业、物业立体化综合发展已经成为解决城市交通拥堵、改善城市空间面貌形态的良策。

2) 车行隧道和地下人行通道

香港特殊的山岭地理条件、巨大的交通流量、楼层林立的建筑分布，给其城市交通组织建设带来了挑战，为解决香港地面交通难题，保证客流和车流交通顺畅，香港开发了大规模的地下车行隧道和人行隧道。位于中环和尖沙咀中心区的两座地铁换乘通道是香港规模较大的地下人行通道。图 1-9 为香港尖沙咀地区的地下步行街系统，中环站地下人行

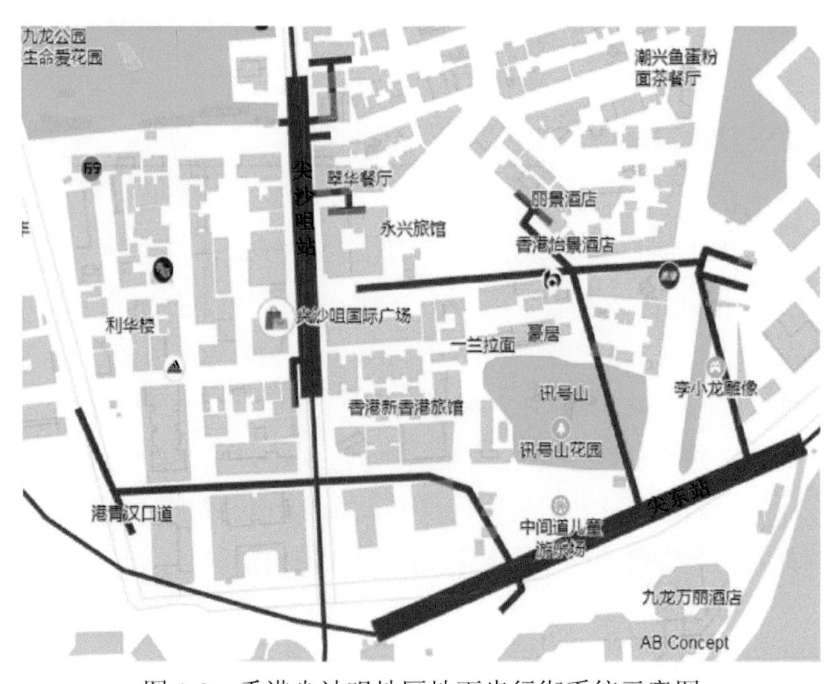

图 1-9　香港尖沙咀地区地下步行街系统示意图

来源：http://lbsyun.baidu.com/customv2/editor/2ba298474a8f0ba8f27553eb33134e4d

通道长约 220m，连接了香港站和中环站，日均客流量约为 12 万人次，尖沙咀地下人行通道连接地铁尖沙咀站和尖东站，包括两条长度分别为 370m 和 240m 的人行道，人均客流量达到了 17 万人次。

3) 地下节流蓄洪工程

香港位于亚热带季风气候区，降水量丰富，为避免暴雨带来的内涝，香港将雨水控制在源头和下游，开发建设了适应其山地地形的节流蓄洪系统。截流是利用隧道将半山市区上游的水引流通过闹市集中排入集水区，香港的雨水截流排放隧道设计充分利用了山区的地形优势，雨水排放过程类似于自然环境下的水循环状态，通过在半山设置分散的进水口，充分利用山体的透水能力完成地下水的净化、补充，整个排水过程依靠重力做功，不用消耗额外能源。蓄洪是将市区上游的部分雨水暂存到市区中下游的地下蓄洪池中，暴雨过后排出蓄洪池中的水，其中部分水则被处理成再生水重新利用。截流工程 3 条排水隧道总设计排水量为 460m^3/s，隧道总长 20km，隧道最大直径为 7.25m。蓄洪工程总蓄水量为 16.9 万 m^3，共包括 3 个蓄水池。香港截流蓄洪工程在设计建设过程中坚持一块土地多种用途的原则。以跑马地地下蓄洪池为例，蓄洪池位于跑马场游乐场下，其水资源回收系统可以回收地下水和足球场的雨水，用于灌溉草地和冲厕所。作为首先采用自动可调式溢流堰、采集数据及监控系统的蓄洪池，跑马地地下蓄洪池溢流堰应用水位感应器自动调节水位，将雨水引入蓄洪池调节下游水量，防洪的同时提供了再生水源，节省了时间和能源上的消耗。香港的截流蓄洪系统有机结合了地表规划体系，实现了城市生态和建设的双赢。

4) 岩洞工程

香港境内分布着大量的火成岩，火成岩坚硬的性质为修建地下岩洞提供了天然的条件。20 世纪 90 年代，香港在火成岩地层中修建了一大批地下岩洞设施，位于赤柱半岛北端的地下污水处理厂每日处理的污水量可以达到 8800m^3，污水处理厂专门设计了道路通道、通风隧道以及竖井用于减少其对环境景观和周边区域居民生活的影响。位于香港岛中西区的垃圾转运站可容纳 1000t 的废弃物，由于部分垃圾处理设施位于岩洞内，因此可将其对外部环境的影响减小到最低。地下岩洞还用作爆炸品仓库、海水配水库、地铁站、地下实验室等。将部分设施置于地下岩洞，不仅可以获得置换的地面土地资源收益、增加周边区域土地价值，而且可以获得额外的环境和社会效益。

1.3 国内城市地下空间开发利用现状

我国的城市地下空间建设起步较晚，且初始阶段的地下空间建设以人防建设为主。在平战结合的指导思想下，我国初期的大量人防建筑能够发挥战备作用，在充分保障了城市居民的生活生产安全的同时，也兼备了经济和社会效益，是我国城市地下空间开发的重要组成部分。我国初期的地下空间建设功能相对单一，数量相对较少，且多集中于少数大城市中。进入改革开放后，我国地下空间建设速度加快，以土地批租和旧城改造工程为推动力、与城市再开发相结合的地下空间建设项目数量和规模都在不断增加。

1.3.1 国内城市地下空间发展格局

当前，我国的地下空间建设依然集中在经济发达地区，延续了“三心三轴”格局。“三心”是指我国地下空间建设的核心区域，即环渤海湾京津冀地区、长江三角洲区域及粤港澳大湾区区域；“三轴”包括东部沿海发展轴、长江流域发展轴、京广线发展轴(陈志龙等，2018)。三心三轴的格局从侧面反映了我国经济发展的格局，将长期作为我国地下空间建设的发展格局存在(图 1-10)。

我国幅员辽阔，人口众多，区域发展差异巨大，城市建设极不均衡。各城市在城市功能、城市定位、城市综合承载力等方面差异巨大。评价一座城市的地下空间建设不能以数量和规模为单一指标，需同时考量地下空间建设发展模式特征、地下空间统筹规划、地下空间资源储备以及相关法律法规完善程度等多项指标。

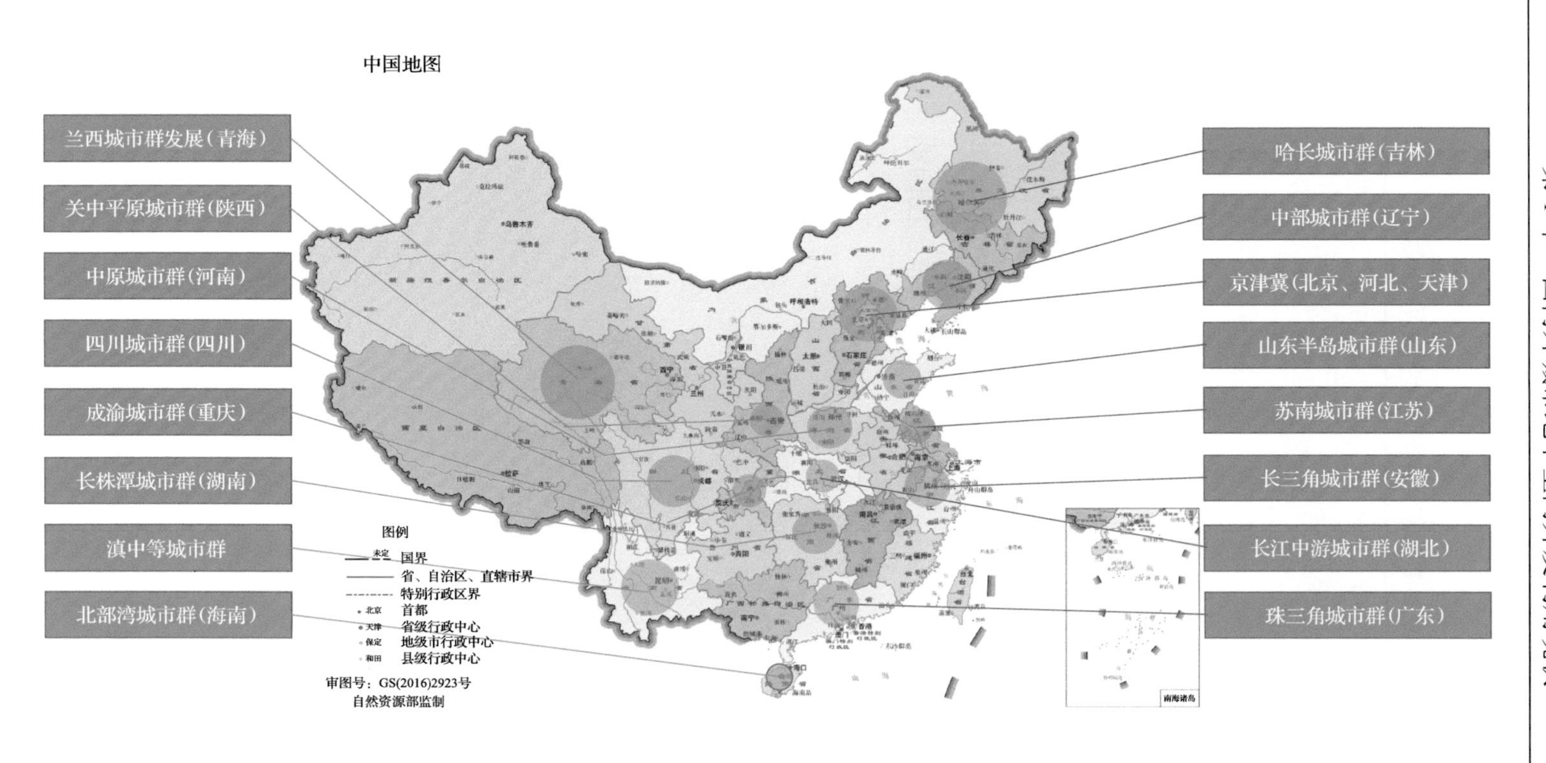

图1-10　中国城市地下空间发展结构示意图(陈志龙等，2018)

以上各类评价要素总结如表 1-1 所示。

表 1-1　地下空间综合实力评价要素

政策支撑体系	开发建设指标	重点工程影响力	可持续发展	安全城市评价
	人均地下空间规模			
地下空间管理机制	建成区开发强度	轨道交通		风险评估
			存储资源	
相关法规政策	停车地下化率	综合管廊		风险预警
			智力资源	
规划编制	地下综合利用率	大型地下公共工程		应急管理
	地下空间社会主导率			

目前为止，根据地下空间综合实力评价要素，我国地下空间建设的格局具有以下特点(王成善等，2019)。

1. 东部城市稳步提升

东部城市经济发展较快，各城市群区域地下空间发展较为均衡，我国城市地下空间建设的主要成就集中于此，是我国地下空间开发实力最强的区域。区域内的地下空间规划和政策法规较为完善，已经建成了一批具有影响力的地下工程，有效地拉动了城市经济增长，成功地补充了城市建设发展机能。东部地下空间发展大部分依托于城市地下轨道交通建设，已经具有相当的规模。但是由于缺乏统一的地下空间建筑规划理论指导，东部地区的地下空间建设依旧存在着盲目扩大规模的特点，并且对浅层和较浅层的地下空间建设重视不足，地下空间的存量规模并不高。

2. 中部城市奋力追赶

中部城市大范围地借鉴了东部城市的地下空间发展经验，充分利用后发优势，与东部地区的差距正在逐渐缩小。中部地区依靠区域中心城市的辐射作用，呈圈层式发展，并且积极学习东部城市先进的建设运营模式，其地下空间发展迅猛，尤其是以武汉为代表的长江中游城市带关于城市地下空间建设的政策法规和管理体系日趋完善。

3. 西部城市提升空间巨大

西部地区为经济欠发达地区，人地矛盾并不突出，城市地下空间建设还未得到相关部门的足够重视，城市地下空间发展水平较为落后，在地下空间的规划建设和管理运营上仍处于起步阶段(胡春林，2009)。此外，地下空间专业技术人才的匮乏也在一定程度上制约了西部地区地下空间的建设。

4. 东北城市政策推动建设

东北地区地理位置特殊，作为老工业基地，以哈尔滨、沈阳、长春和大连为代表的重大城市为代表，在城市地下空间建设方面的综合水平尚可。但随着地区内大量的人口外流以及工业基地经济实力的衰弱，东北城市地下空间发展的后劲不足，仍需依靠人防设施的建设，完善地下空间相关政策和规划编制，积极引导地下空间发展。

随着经济建设进入新时期，我国城市建设进入了新的阶段，正在呈现“东中一体、外围倾斜”的新格局。随着制造业的内迁、人口的大量回流以及中部和东部交通网络的日趋完善，东部和中部的一体化进程将加速，位于交通节点的城市将迎来地下空间发展的机遇。地下空间在这一进程中也将呈现新的发展态势，适应相关城市经济文化条件和地理地质特点的规划研究方案已经提上日程。同时，经过实践检验的地下综合管廊、地下轨道交通、地下大型停车库等现代化城市基础设施建设将呈现加速趋势。

1.3.2　国内城市地下空间重点区域分析

1. 北京

北京地下空间开发起步于给排水管网、燃气管道、电力电信管线的铺设以及部分建筑地下室等。2004 年，北京颁布了《北京城市总体规划(2004—2020 年)》作为北京城市规划的纲领性文件。作为城市规划的一部分，“北京 2004 地下空间总规”影响和指导了城市地下空间规划和建设，推进了地下空间的开发利用。近十年，北京地下轨道交通发展迅速，建设里程大幅提升，每年新建地下空间建筑面积已经超过 300 万 m^2，北京已经进入了地下空间开发的黄金时期。

1) 地下交通设施

2004 年，北京仅有 4 条轨道交通线路，地下轨道交通长度为 53km，连通 37 个地铁车站。经过近十年的大规模建设，北京建成地下轨道交通线路已达 17 条，地下轨道交通长度已达 465km，地铁车站数量达到了 210 个。

2004 年，北京全市建成有 109.81 万个停车位，地下车库停车位数为 20.95 万个，地下停车位占总停车位数的比例不足 20%。截至 2011 年，地下停车位数已达到了 74.47 万个，占同时期总停车位数的 30%。在城市总停车位数建设高速增加的情况下，市政部门对地下车库的建设越来越重视，地下车库总停车位数增加了 2.5 倍，地下车库占总停车位的比例大幅增长。

交通枢纽是多种交通汇聚的换乘节点，是城市人流和车流的集散中心。根据《北京中心城中心地区地下空间开发利用规划(2004—2020 年)》要求，交通枢纽需合理规划开发其地下空间，积极协调地下空间和地上空间的人流、车流之间的关系，建设多层次、多用途、高效率的交通枢纽，带动周边区域的地下空间建设，最大化交通枢纽的经济效益和社会效益。西直门枢纽、东直门枢纽等因建成时间较早，与周边区域的连通较少，局部地区交通混乱。近几年建成的苹果园枢纽、宋家庄枢纽等，注重交通规划，合理利用地下空间资源，强调地上空间和地下空间的共同开发，极大地提高了交通枢纽的运输效率和人流、车流集散效率(陈育霞和张晓妍，2012)。

地下步行系统主要包括地下过街通道、地下商业街及连接各类建筑设施的步行道系统。“北京 2004 地下空间总规”强调进一步提升出行的便捷性，加强地块与地铁车站的连通，提高市民出行的便捷性，实现地面交通和地下交通的分流，加强地下商业街和地下过街通道的建设，建设高效的地下步行系统。目前，北京地下步行系统以解决过街的地下过街通道为主，连接地铁站点和商业中心的步行通道及地下商业街建设速度缓慢，尚未形成一个成熟的地下步行通道体系。

2）地下商业圈

大型商超和大型商业中心已经成为地下空间开发利用的主要形式，北京城区地下空间的建设规模越来越大，建设深度已经达到了地下负四层，部分地下空间建设修筑了下沉广场或天井，设置天窗引进自然采光，解决地下空间采光难题。建外 SOHO 社区和国家大剧院，利用地下空间置换地面建筑功能，创造出高品质地面环境质量，是地下空间开发的成功案例（胡斌等，2016）。

北京的地下空间开发经历了从无到有，从单一功能到多用途功能，由点到线再到面全面发展的历程，图 1-11 为北京市地下商业聚集区的示意图（陈珺，2015）。

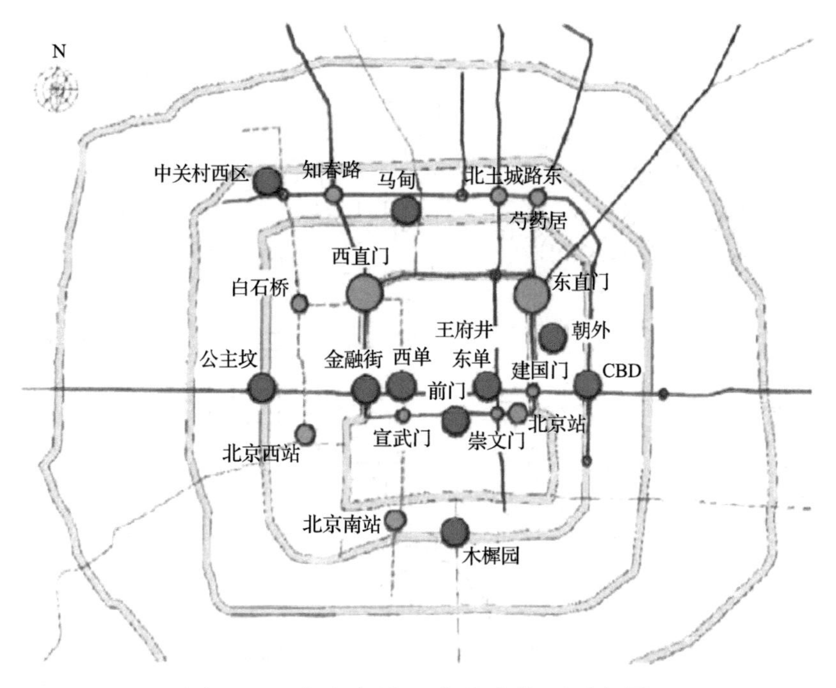

图 1-11　北京市地下商业聚集区示意图

2. 上海

上海市的给排水系统、电力通信系统、燃气管线设施从清同治一年(1862 年)陆续开始建设，到民国初期初步形成一定规模。从此以后，上海市的地下空间建设一直走在全国前列。然而，由于民国时期上海租界区域各自为政，地下空间多以独立的方式开发，在全市范围内地下空间建设的分布很不均匀，并不能形成一个完整的系统。新中国成立后，由于历史原因，上海市建造了大量人防工程，成为城市地下空间利用的开端。但是，由于缺乏统一的规划，当时的人防工程存在着点小面广、单体建筑面积小且多独立分布的特点，使得人防工程的使用率较低。20 世纪 90 年代，随着地铁建设的推进、中心城区的大规模旧城改造和浦东新区的开发，上海地下空间开发的速度加快，逐步形成了完整的地下轨道交通体系和多用途的地下空间类型。随着《上海市地下空间概念规划》和《上海市地下空间近期建设规划》的颁布实施，上海市地下空间的建设进入了一个更高速的开发阶段，上海城市地下空间发展的趋势见图 1-12。

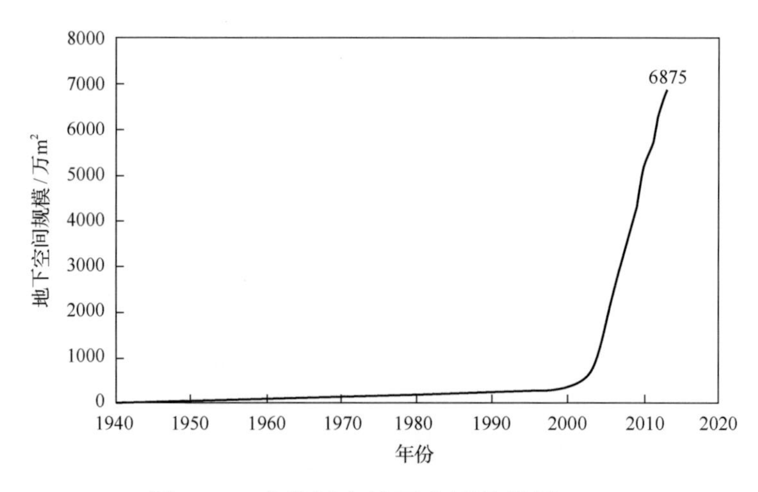

图 1-12　上海城市地下空间的发展

以地铁建设为代表的地下空间基础设施开发正在成为上海城市建设的热点，并且其建设规模正在稳步增加。上海市目前的地下空间规模已经从 2004 年的 2500 万 m^2 增加到了 7400 万 m^2，增长了约 2 倍(刘旭辉等，2016)。从建设用途来分类，公路隧道、地铁、地下车库等交通设施依然占据了统治地位，占比达到了 71%；以旅馆、地下商场、文娱场所、连通通道为代表的地下公共服务设施占比约 5%；地下市政设施、地下仓储设施分别占了 4%和 3%，上海城市地下空间的组成见图 1-13。

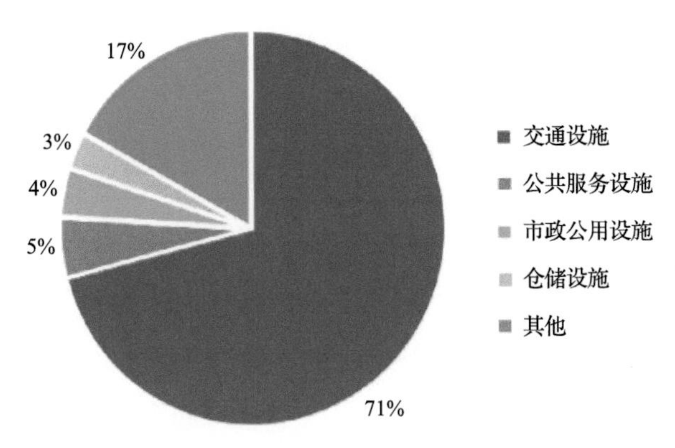

图 1-13　上海城市地下空间的组成

上海地下空间开发已经初成体系，建成了多功能、多层次、分层利用的地下空间系统，完成了空间功能多元化、地上地下一体化的规划目标，提升了城市区域的整体功能，上海市中心城地下空间布局示意如图 1-14 所示。1999 年，上海地下空间开发总量已经达到了 1 亿 m^2，具有以下特点(刘朝明等，1999)：

1) 重点突出、主次分明的平面布局

地下空间开发规划以市中心人民广场为核心，依托城市基础设施和地下交通设施辐射至各城市副中心、地区区域中心、新城区，形成特色鲜明的城市地下空间布局。从实践建设上看，由地下交通设施连通的地下空间初显网络系统效应，系统内主次结构明显，总体格局基本形成。近五年来，根据建设分期化要求，上海进行了新一轮的地下空间建设，建成了包括世博园区、后滩地区、莘庄综合交通枢纽在内新的城市地区中心。

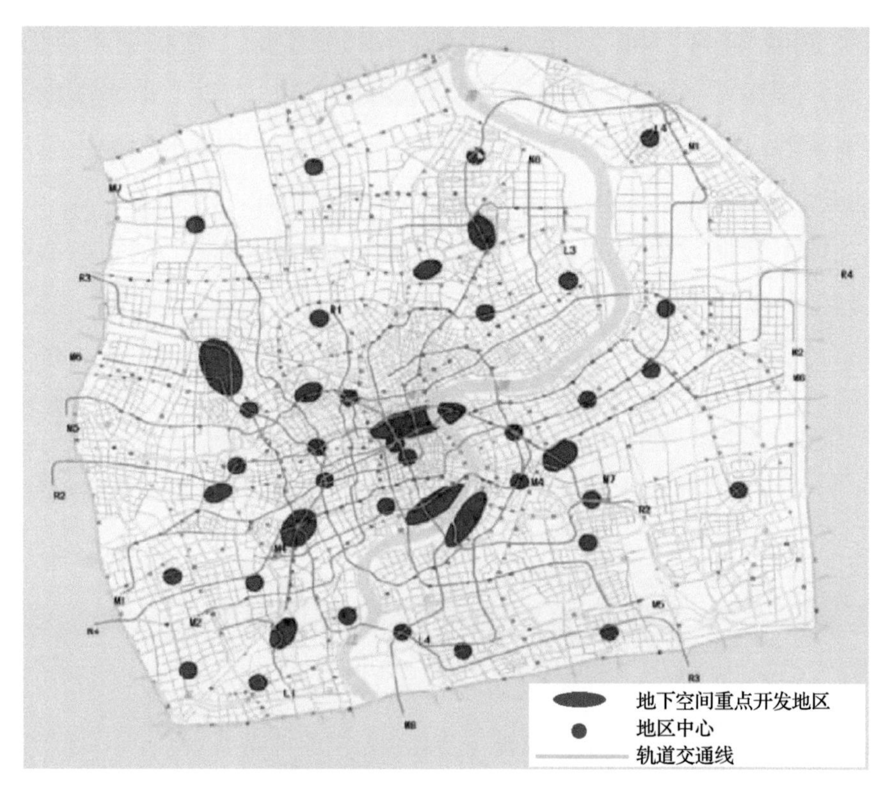

图 1-14　上海市中心城地下空间布局(顾承兵，2006)

2)分层利用的竖向布局

根据规划，上海市明确了地下不同深度空间开发的建设时序和建设内容，规定了不同竖向分层空间相互协调的原则。当前，地下 40m 范围是上海地下空间开发的主要区域，根据不同地下建筑的功能特点，在公路下方从上到下依次建设市政管网和地下轨道交通；在公路外的区域，从上到下依次建设商业综合体、地铁和公路隧道、建筑基础、特种工程等。少量地下工程的深度超过了 30m，淮海中路的地铁站最大深度达到了 33.1m，上海世博会的静安输变电工程最大深度达到了 34m，北外滩星港国际中心地下室最深达到了 36m，北横通道局部最大深度达到了 48m。

3)相互衔接的功能体系

上海轨道交通站点强调地区功能综合化的要求，依托轨道交通衔接人流聚集的地下商业中心，完成大规模的客流运输任务，提升地区活力，实现综合效益，形成相互衔接的地下空间体系。

根据统计，上海轨道交通与地下空间建筑衔接区域主要为人流密集区，与地下空间建筑的衔接类型主要有地下商业中心、地下车库、地下办公场所、交通集散枢纽、文娱体育设施、居住社区等。地下商业中心是同地铁衔接最主要的地下建筑类型，占总衔接建筑物的 68%；交通集散枢纽占总衔接建筑物的 11%；地下办公场所、文娱体育设施、地下车库及居住社区占总衔接建筑物的比例较低。目前，地下轨道交通车站已有 1/3 的站点实现与周边建构筑物的衔接，实现地上建筑和地下建筑的良性互动，有助于增强各地区的可持续发展。

上海作为我国地下空间开发最早的地区，具有先进的地下空间开发经验，已经形成了基本的地下空间格局，给市民的出行、消费带来全新的体验，如静安寺地区(图 1-15)、五角场地区(图 1-16)虹桥等综合交通枢纽(刘旭辉等，2016)。

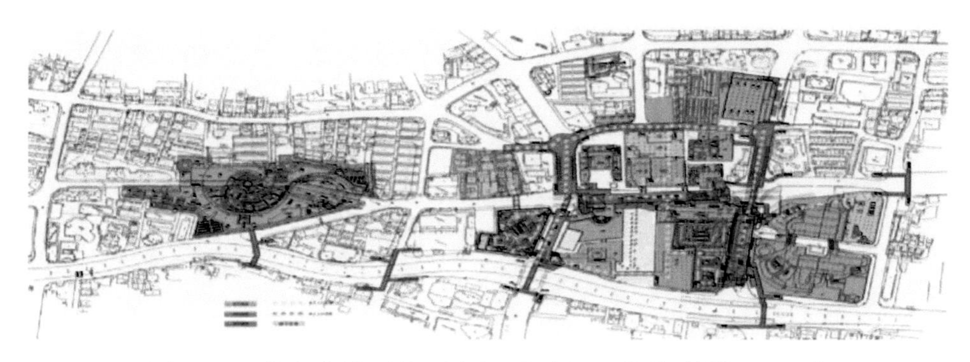

图 1-15　静安寺地区地下空间平面布局(刘旭辉等，2016)

3. 武汉

武汉直线地铁干线和内环线下的地铁环线与地面交通相配合，在主要节点形成交通枢纽，在武汉市三镇之间形成了“一环、二纵、三平、五枢纽、十条街”的地下空间布局模式(孙辉，2005)：

(1)一环指市内地铁环线，衔接了武汉三镇的商业中心，并串联了四条地铁干线；

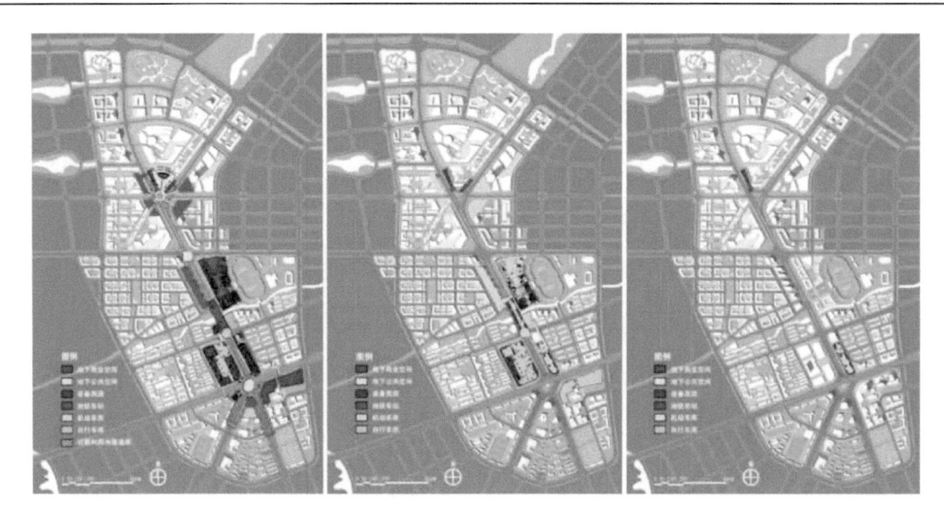

图 1-16 五角场地区地下空间各层平面布局图(刘旭辉等，2016)

(2) 二纵为垂直江岸的跨江地铁干线，解决了汉口和武昌的过江交通问题；

(3) 三平指平行于长江的地铁干线，具体方案是沿汉口、汉阳、武昌三条主要道路走向布局；

(4) 五个枢纽是汉口 CBD、国际会展中心、汉口火车站、洪山广场、徐东平价超市；

(5) 十条街分别为江汉路商业街、顺道街、汉西路、汉正街、前进四路、解放大道武汉商场地下街、司门口商业街、街道口、小东门地下街、汉阳钟家村地下街。

这种布局解决了武汉跨江交通问题，基本涵盖了武汉各重要商业中心和交通节点，增强了各区的城市功能，提高了城市活力，增强了城市竞争力。

隔江鼎立的武汉三镇是长江中游的经济、科技、文化、教育中心，是全国区域经济中心和重要大型交通枢纽。武汉市区水域众多，开发地下空间可以有效减弱两江、湖泊对城市空间的分隔，减少市政建设对农地的侵占，提高城市各系统运行效率，缓解城市人地矛盾，提高城市空间利用率，释放地面景观空间和绿地空间，改善城市居民的居住生活环境。

近年来，武汉城市地下交通建设飞速发展，便捷的地下交通成功实现了人车分流，解决了江河造成的空间区域交通分割的难题，武汉地下交通建设特点主要体现在以下几个方面。

1) 地铁站综合化开发

武汉市地下铁路以环网共生的模式规划建设，依靠地铁为骨干，以轴向滚动式发展模式为基础，形成网络式空间布局的特点。武汉地铁环网建设大体对应于武汉市的内环线，同时设置平行和垂直江岸的若干条交叉线路，交叉节点与地面上的节点呼应。

武汉地铁站点的设置充分利用了地面建筑，通过将站点出入口设置在建筑内部，将疏散人流引入建筑内，对于商业建筑来说，通过将地铁出入口接入商业建筑地下层，既满足建筑内部空间可达性要求，又大量地吸引了消费客流。

武汉市城市地下空间依托近期地铁建设布局，围绕 2 号线和 4 号线两个方向发展。2 号线和 4 号线的换乘站点洪山广场站位于洪山广场西南侧，依托洪山广场站的洪山广场站地下空间开发项目总占地面积为 10.4 万 m^2，总建筑面积 4.2 万 m^2，是武汉市地下空间开发的核心区域。洪山广场站位于武昌行政中心、商业中心、公共活动中心，周围已建和在建大型公共服务设施众多。洪山广场站地下空间分为东西两区，西区利用地铁车站站厅层布置，东区地下空间为商业建筑地下 2 层开发。东、西区依靠两个地下连通通道连接，东区通过连通通道进入西区站厅层。洪山广场站地下空间共开发 2 层，地下负一层为商业用途，地下负二层为地下车库和部分商业设施，用来满足洪山广场站客流的购物、文娱、停车等生活需求。

2) 地下公路合理化建设

武汉地下公路隧道主要服务于城市再开发和新区建设，主要用来解决城市过江交通问题。依靠地下公路过江比采用桥梁过江优势明显。地下公路过江工程拆迁量更少，选线方案自由度更大，对江面视野和风景的影响几乎没有，保障江面船只自由通行。同时，地下公路更易养护，对自然灾害的抵抗力更强，不易受到外界的影响。

3）地下人行通道科学化布置

武汉市依靠地下人行通道解决人车争路的问题。街道口地区聚集了商业中心、省妇幼保健院、重点大学等生活服务设施与单位，附近人流、车流巨大且复杂，道路狭窄，行车速度缓慢，经常出现人车争路的情况，该节点已成为制约内环线和东湖开发区交通衔接的主要区域。为解决此问题，武汉市根据人车分流、车上人下的原则对街道口区域进行地下人行通道开发利用，建成了完全通透的地下人行通道，缓解了地面通行压力，解决了人车混杂难题，实现地面行车畅通(张远飞，2013)。武汉光谷广场建设有地下公共走廊，周围伴有购物休闲、交通一体综合体，人们可以在这里购物、休闲、学习和娱乐(图 1-17)。

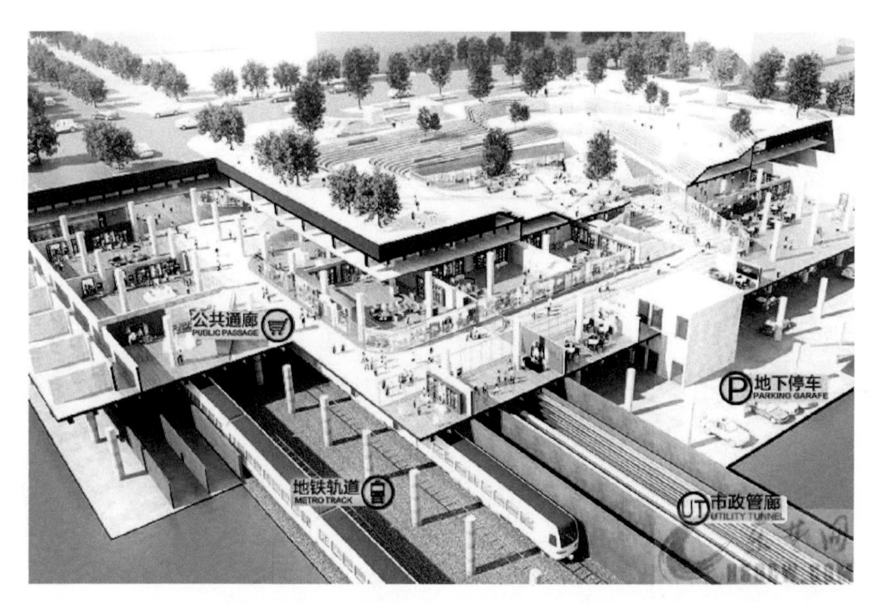

图 1-17　武汉光谷广场地下空间

来源：http://blog.sina.com.cn/s/blog_15a14854f0102xbkg.html

4. 青岛

青岛是一座半岛城市，“三面环海，一面环山”，只有城市北方与外界连接，自然环境优越。青岛是我国最宜居的城市之一，但是由于地理空间呈南北长、东西窄的特点，青岛发展受地形限制较大。发展地下空间已经成为扩展青岛城市发展空间的重要途径(孙华，2013)。

青岛市域范围内山岭众多，地下浅层范围内基岩坚硬，具有良好的稳定性，优质的地质环境为青岛发展地下空间提供了优良的条件。同时，青岛主城区地貌丰富，山地众多，坡度起伏较大，建在坡地的地下建筑可以侧向开放，为地下建筑提供更多的日照，并改善地下空间的环境。青岛市的地下空间起步于人防工程，逐渐向地下轨道交通、综合管廊和地下市政工程发展。

1) 人防工程的大面积建设

青岛特殊的地理位置使其成为国防建设重点城市，建设了大量的人防工程。20 世纪 50 年代中期以来，人防工程一直是青岛市建设地下空间的主要形式，对建设综合防御空间系统起了重要的作用。基于发展经营城市的理念，通过积极招商引资，与市场化相结合，接纳社会资金配套人防工程建设，一批平战结合的人防工程建设了起来，如 901 工程、香港太古名店工程等。

青岛市人防建设以平战结合为原则，规划建设了一批兼具人防功能的地下公共设施。如中山商业街、中防地下商城等。依托地铁建设的人防工程(如益群地下商城)和建设中的地铁站相连接，修建于火车站下方。此外，人防工程结合城市广场开发，如位于李沧区商业步行下的维客地下商城。青岛海底世界(图 1-18)则作为单独的地下工程兼具人防工程。

图 1-18　青岛海底世界

来源：http://www.redtourism.com.cn/tris/front/zh_CN/guideline_349.html

2）海底隧道的先进化建设

青岛濒临胶州湾，建有国内最长的海底隧道——胶州湾海底隧道（图1-19）。胶州湾隧道连接青岛主城区和西海岸，已经建成并成功运营，配合跨海大桥和高速公路，极大缓解了东西海岸交通往来的压力，弥补了两岸海陆相隔的地理缺陷，整合了两岸的经济发展，提高了青岛市的城市整体综合实力和竞争力。目前，第二条海底隧道筹建已经提上日程，并且已经进入全面论证阶段。为保证隧道的成功建设和安全运营，该条隧道全面考虑了地面交通和地下交通之间的衔接关系，并建成一个跨海的交通公路网，以全面提升青岛的城市运行效率和综合实力。

图1-19　胶州湾隧道入口

来源：https://baike.so.com/doc/8503622-8823963.html

青岛市远期综合隧道的建设，致力于形成环胶州湾运行、地上地下相结合的立体环湾交通系统，使青岛实现真正意义上的“环湾保护、拥湾发展”，完善城市交通大动脉的建设，促进城市经济协调发展，进一步为“蓝色经济区”建设做贡献。

3) 地下水库的生态化建设

青岛地区的降雨具有季节性，经常遭遇暴雨，由于地形的限制，大量雨水聚集无法排出，形成城市内涝，破坏城市的运行节奏。青岛每年的降水分布不均，降水多集中在 6～9 月份，降水以地表径流的形式汇入大海，每年降水径流量约为 74.23 亿 m^3，拦蓄量仅为 25 亿 m^3，大部分降水被浪费掉，水资源的利用效率很低。同时，经济建设大量开采地下水，导致地下水位下降，海水入侵和地下水下降漏斗等自然灾害经常发生，已经威胁到已有的淡水资源。

青岛市地下水埋藏浅，底部岩层为孔隙度高、透水性差的岩浆岩和变质岩，具有建造地下水库的有利条件。大沽河地下水库是青岛建设的第一个地下水库，水库面积 421.7km^2，总库容量达到了 38413 万 m^3，调节库容量为 23780 万 m^3。大沽河地下水库的建设提高了水资源的贮存和利用率，改善了城市的生态环境，保证了城市的高效运行。同时，相比于地面水库和别处引水，优良的地质条件不仅有利于地下水库的建造，还为降低水资源的价格创造了条件(孙华，2013)。

5. 济南

济南市地下水资源丰富，是著名的泉城，是沿海和内陆地区重要的交通枢纽，连接了华北和华东两大区域。受地形限制，济南中心城区建设集中在北部黄河和南部山区之间，向东西两端拓展(谭瑛等，2007)。济南市已经逐步开始重视地下空间的开发利用，其已建地下空间工程面积达到了 120 万 m^2。作为国家一类防空重点城市，济南地下空间开发共经历了三个阶段。

(1) 人防工程阶段。由于地处重要的战略位置，济南早期的地下工程建设以人民防空工程为主，主要分布在青龙山、千佛山及主干路下方。

(2) 平战结合阶段。改革开放初期，由于经济发展的需要，以人防为单一功能的地下工程数量逐渐减少，这一时期建造的地下工程除满足防空功能外兼具了一定的社会功能，如地下停车库、商业中心等。

(3) 地下综合体阶段。近年来，济南开发的地下空间工程以服务市民生活、文娱活动的地下综合体为主，满足市民的休闲娱乐、停车等需求。这类综合体多分布在城市中心区域，如泉城广场地下综合体。泉城广场地下综合体位于济南老城区，地下一层建筑面积共 4.6 万 m^2，用作停车场和商业活动。地下综合体入口充分利用了滨河高差和下沉广场，灵活处理了广场和绿地的关系，有效衔接了地上地下建筑功能关系，成功实现了地上地下建筑的人流交换。

随着地下空间工程的大规模建设，“泉城”济南正面临着保护地下泉脉的重大难题。因此，根据济南特殊的城市地理特点，逐渐形成了 3 种地下空间发展的区域。

1) 泉脉保护区

泉脉保护区范围内的地下空间开发因保护地下水资源的需要受到严格的控制。此区域内的地层地质条件虽然已经被进行了大规模的勘探，但由于地下工程建设的不可预见性，根据地质报告所进行的地下空间开发仍存较大的不确定性。因此，此范围内的地下空间开发以充分利用现有资源潜能为主，避免进行过度开发，以致对泉脉造成无法挽回的影响。根据规划，此区域内凡规模大于 $500m^2$ 或深度超过 6m 的地下空间开发须得到有关部门的批准，对老建筑、自然地理环境和尚未探明的地下文化遗产都须进行合理保护。

2) 重点发展核心区

市中心的商埠区历来是济南的商业活动中心，火车站和汽车站都位于该区域范围内，由于其交通拥堵、人流混杂、环境质量恶劣，单独依靠地面改造已经无法解决此区域内存在的问题。开发利用地下空间成为发展此区域的最优选择。因此，应当结合地上建筑空间，扩展地下空间规模，重点发展地下商业街、地下步行通道、地下停车库等设施，在保留商埠古建筑和古代街巷的前提下，改变商埠区交通格局，提高街巷的环境质量，缓解地面交通压力，进一步促进此区域商业活动繁荣发展。

3) 商贸翼

根据规划，大金片区是济南市机关办公所在地，姚家片区是省机关所在地，区域范围地面开发建筑物众多，建筑功能复杂，将来会出现交通拥挤、人车混杂、环境质量差等问题。为解决该问题，政府计划尽早开发地下空间，将地面功能设置在地下，地上、地下空间结合分工开发，实现建筑功能分化，以改善地面环境。姚家片区作为省级机关办公所在地和市级商贸中心所在地，对地下空间的开发依据规划先行、统一协调地上、地下功能的指导思想，将文娱设施转入地下，并建设综合的大型商业综合体；同时，规划修建衔接旧城区人防通道的人防干道，建设人防地下网络体系，增强姚家片区的复合功能，提高片区单位空间容量。

6. 杭州

杭州作为长江三角洲的中心城市之一，是浙江省的经济、文化和政治中心，在城市规划中，杭州的空间格局将调整为“一主三副、双心双轴、六大组团”(章立峰等，2015)。

杭州市土地资源紧张，经济发展对土地的需求巨大，发展地下空间已经成为杭州的必然选择。杭州地下空间规划布置如图 1-20 所示。杭州的地下空间建设发展迅速，主要集中于新开发城区。近年，平均每年以 380 万 m^2 的速度增长，2020 年，杭州总的地下空间面积已达到 8000 万 m^2。

杭州地下空间开发主要集中在浅层，以地下一层为主，占总开发规模的 65.68%。近年来，杭州越来越重视深层区域的开发，地下二层、地下三层空间区域的建设开发逐渐增多，已经形成一定规模，主要集中在新建城区核心区域和重要交通枢纽节点。

杭州的地下空间布局以轨道交通为纽带，以实现城市跨江发展规划布局为目标，依靠轨道交通建设连接城市各功能地区，引导人口和产业向副城区转移发展。同时，轨道交通衔接的各商业中心，增强了城区各节点的经济活力，提升了节点周边地下空间资源价值。

图 1-20　杭州地下空间规划布置图

来源：http://ori.hangzhou.com.cn/ornews/content/2015-07/17/content_5850474.htm

杭州地下空间开发空间分布不均，多集中于主城区（上城区、下城区、江干区、拱墅区、西湖区、西湖风景区、之江度假区、经济技术开发区），占到地下空间开发总量的 42.40%。而外围组团城区和新区的地下空间开发规模在稳步增长。杭州地下空间区域分布如图 1-21 所示。

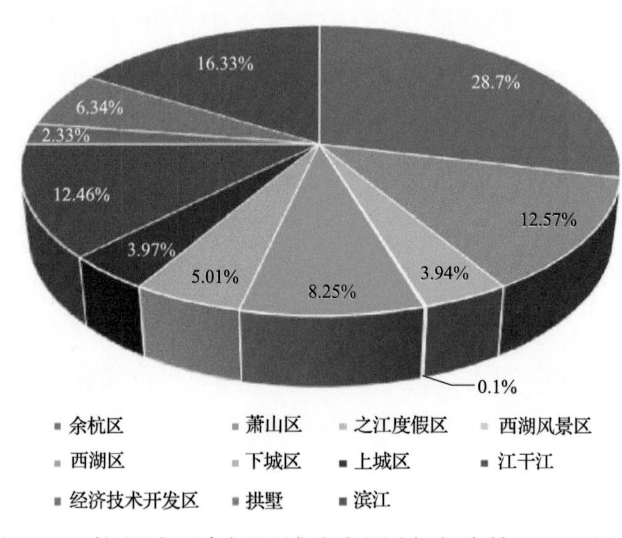

图 1-21　杭州地下空间区域分布图（章立峰等，2015）

杭州地下空间功能包括地下交通系统、地下综合体、地下市政设施和人防设施四类。地下交通系统包含地下轨道交通、地下走廊、地下停车场等；地下综合体包含交通类综合体、商贸办公类综合体、旅游类综合体和物流类综合体；地下市政建设目前以地下综合管廊为主。杭州是全国最早实现电力、电信线路“上改下”的城市之一。人防设施在杭州开发较早，作为国家一类人民防空重点城市，杭州人防工程将逐步与其他地下空间功能体相互连通，形成城市地下空间防护体系。

1) 地下交通系统

根据规划，到2020年杭州地铁线路总长达到188km，共5条地铁线路；共建设公路隧道32条(任日莹，2017)，具体类型和项目名称如表1-2。

表1-2　杭州市地下交通系统(章立峰等，2015)

类型	隧道名称	数量
地下快速道	莫干山路地下通道(绕城公路-石祥快速路)、西湖地下通道、文一路地下通道、西溪湿地隧道、江晖路地下通道、环城北路-天目山路地下通道等	6
穿山隧道	闲富隧道、小和山隧道、紫之隧道、临平山隧道、皋亭山隧道	5
过江隧道	青年路隧道、望江路隧道、钱江隧道、艮山东路延伸线、文泽路-新城路隧道、湘湖北路-军师路隧道	6
过河、湖隧道	湘湖隧道	1
过铁路隧道	天城路跨东站枢纽隧道、新塘路跨东站枢纽隧道、环站北路跨东站枢纽隧道、环站北路跨东站枢纽隧道	4
地下车行立交	体育场路东延隧道、平海路隧道、潮王路-新风路隧道、申花路隧道、紫金港路、余杭塘路隧道、兴建路隧道、彩虹大道隧道一、彩虹大道隧道二、西兴路隧道	10

地下交通系统的建立将有效缓解杭州市内西湖风景区周边的交通压力，促进城市交通网络的综合发展，提升地上、地下交通网络体系的运输效率，联动城市各区商圈协调发展，带动城市经济发展，提高城市各单元系统的运行效率。

2) 地下综合体

根据《浙江省城市地下空间开发利用“十三五”规划》，未来杭州将建成 12 个地下综合体项目(图 1-22)，分别是：武林广场地下商城、庆春广场地下空间综合体、复兴国际商务广场地下综合体、华家池商务综合体、港龙城商业综合体、奥体博览城、杭州创新创业新天地综合体、世贸浙江之门、嘉里中心地下综合体、钱江金融城、水晶城旅游综合体、凤凰公园地下综合体。

图 1-22　杭州市地下综合体分布示意图

来源：https://news.yantuchina.com/37166.html

杭州综合体建设以服务商业为主，部分综合体兼具城市综合交通运输枢纽作用。与此同时，杭州地下空间设计结合本地丰富的旅游资源特点，打造旅游综合体设施。现代物流产业飞速发展，将物流设施下沉，杭州市致力于建造物流地下综合体，为全国地下物流体系的建立提供建设经验。

3) 地下市政设施

现阶段，杭州市地下市政设施建设以综合管廊为主。杭州市政府根据市域范围地理位置特点，因地制宜，制订出了科学合理的地下综合管廊规划建设方案，分步、分区建设地下综合管廊，积极发挥市政部门主导作用与市场优势作用，广泛吸引民间资本参与地下管廊基础设施建设，创新发展多种融资模式，从而提高城市市政设施服务水平。

目前，杭州地下管廊的建设规模已经达到了 80km，在新区、部分工业园区、开发区地下已经初步形成了环网规模，整个区域的市政管网运营安全、稳定、应急防灾水平稳步提升。预计到 2040 年，杭州市的地下综合管廊规模将达到 200km，城市全域范围内地下管廊将成网，规模效应显现，城市治理水平将明显提升，地下综合管廊的建设管理水平将处于国内领先水平(章立峰等，2015)。

7. 长沙

长沙作为湖南省会，是长江流域中游地区的中心城市之一。市内农用地规模巨大，占到总土地面积的 84.74%。建设用地 134257 公顷，占总土地面积的 11.36%。在土地资源紧张的形势下，发展地下空间成为解决土地发展矛盾的必然选择。

改革开放前，长沙市地下空间建设主要以人防工程为主。改革开放后，一部分人防工程承担了支持经济建设的任务，部分地下防空设施被用作仓库、冷冻室、文娱场所等。目前，长沙市规划建设的大型地下工程较好地体现了平战结合的原则，服务于第三产业，主要功能包括文娱设施、地下停车库、地下储存仓库等。但是，对于城市至关重要的市政基础设施建设并不多，地铁和地下综合管廊的建设规模还处于起步阶段，城市地下市政功能亟待完善。

目前，长沙地下空间利用形态主要有人防工程、地下交通基础设施、地下车库、地下商业设施、地下市政设施(给排水管道、燃气管道、电力管线、电信管线)、以及其他地下工程(中南大学湘雅三医院的地下急救中心、地下仓库、地下油库等)。其中，芙蓉路电缆隧道是全国目前最长的电缆隧道；五一特变电站是湖南省第一家地下变电站。但是这些地下空间分布分散，互相独立，不能组成系统(李夺和朱忠东，2008)。

1)地铁站综合化开发

目前，长沙地铁目前已运营 4 条线路，运营里程达到了 102.21km。根据规划，至 2030 年总共将建成 10 条主线路和 2 条支线路，总长度将达到 425km。

长沙地铁以地铁站点为核心，应用比较成熟的“地铁站+地下商业”模式(图 1-23)开发地下空间，已经初步规模(彭柏兴，2008)。

图 1-23　长沙市“地铁站+地下商业”模式图

来源：https://baike.sogou.com/historylemma?lId=58257449&cId=67126389

2) 地下商业全面发展

目前，长沙市地下空间开发形态主要有地下商业街和地下商场。

长沙金满地地下步行街全长 609m，宽 29m，总建筑面积达到了 2.7 万 m^2，共设置了 6 个分区，商铺 1130 个。长沙市金满地地下步行街位于黄兴北路，芙蓉区与开福区交界处，属于平战结合的大型公共设施。为鼓励地下商业街的开发，金满地地下步行街在同类商业设施中享受最低税费政策。

长沙市地下商业开发积极引进民间资本，对平战结合的地下空间设施进行招商开发，麓山路平战结合人防工程是其中的典范。麓山路平战结合人防工程位于长沙大河西先导区麓山路与新民路交叉地下，为地下两层结构，总建筑面积达到了 3.3 万 m^2，其在和平时期根据规划用作地下过街设施、地下停车场以及地下商业街，战时则作为储存战备物资和掩护人员的设施。

3) 地下综合管廊“两步走”战略

长沙市地下综合管廊建设实行中远期(2021 至 2030 年) 发展战略。

该战略规划指出：以建设具有长沙特色的地下综合管廊体系为目标，按照规划要求，全面有序推进地下综合管廊的建设、管理、运维工作，进一步提升地下综合管廊的建设、管理、运维水平，发挥地下综合管廊的优势，杜绝地下综合管廊区域出现“马路拉链”和架空线网等现象，培育和建成一批本土地下综合管廊配套企业，基本形成具有本地特点的地下综合管廊投资、建设、管理、运营长效体系和机制。到 2030 年，长沙新建城区和旧城区规划建成 400 公里地下综合管廊，形成干支结合、覆盖全城、运行高效的地下综合管廊体系(陈宏喜和丁志良，2018)。

8. 成都

成都地下空间开发总面积达到了 1584km^2，占成都城区总面积的 1/10，主要集中在中心城区、天府新区商务核心区、成都天府空港新城区等区域。2017 年，成都对市域范围内的地下空间资源进行了全面调查，调查内容包括地下空间资源的地质调查、潜力评价、多要素地质调查以及城市地质系统调查与综合检测，建成了成都市地下空间三维地质模型。

1）地下综合管廊“双核、十四片”规划

作为国家综合管廊试点城市之一，成都市制订了《关于加强综合管廊建设工作的实施意见》和《成都市地下综合管廊专项规划（2016—2030年）》。根据地下综合管廊建设工作领导小组规划，到2030年，成都将建成1000km长的地下综合管廊，形成“双核、十四片”的规划布局（图1-24），其中，中心城区将达到173km，天府新区总规模达到147km，14个周边区（市）县的地下综合管廊总长 680km。近年来，成都“双核”区域内的综合管廊建设规模巨大。2016年，地下综合管廊工程投资63.9亿元，建设长度约46.9km；2017年，总投资额度达到了12.1亿元，建设里程达到了11.2km；2018年，总投资额度达到了29.4亿元，建设里程达到了32.7km。

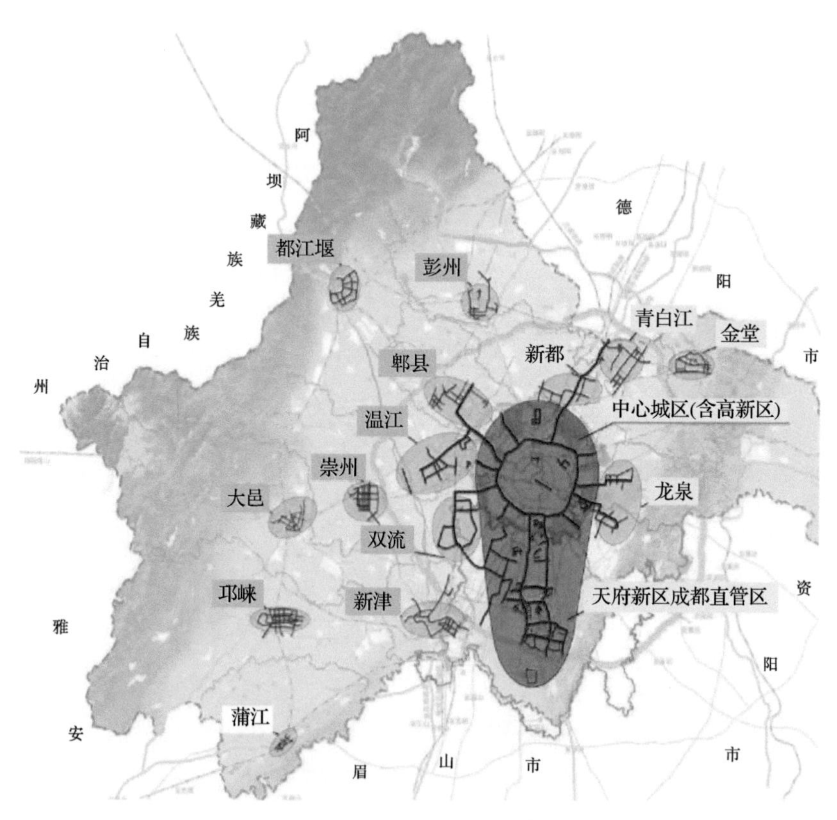

图1-24　成都市地下综合管廊“双核、十四片”的规划布局示意图

来源：http://m.sohu.com/a/250381820_716878/?pvid=000115_3w_a

2) 平战结合的人防设施

成都市地下空间开发最早以人防工程的建设为主。成都人防工程的建设起步于 20 世纪 50 年代，经历了从无到有，从小到大的发展过程。进入 60 年代，成都在“深挖洞，广积粮”的口号下，结合原有河道，在市中心增建了大量的人防工程，并取得了较大的发展。

改革开放初期，全国人防工作进入了新的阶段，提出了“平战结合”的人防工程发展方针。随后，成都开发了一系列人防设施和城市建设相结合的工程。1988 年，由“青年商场”、“洞天商场”、“后子门商场”和“市中心御河批发市场”组成的地下商场开业，其由人防工程改造而成，建筑面积达到了两万多平方米，主要提供服装类、食品类等商品，每天客流量可达 15 万人次。

进入 90 年代，社会主义市场经济建设到达新时期，平战结合的地下空间开发得到了更广泛的认可，地下空间的功能呈现多样化趋势，建设了大规模的地下商场、文娱设施、交通设施、市政设施。

近年来，大规模的旧城改造为平战结合的地下空间建设提供了有利条件。结合成都市区的旧城改造，火车北站、御河、顺城街人防工程以及大量的单位人防工程改造成平时工程使用，进行平战结合改造，兼顾了工程的“战备效益、社会效益、经济效益”。

经过几十年的建设，成都地下空间建设取得了较大进展，在城市经济建设中发挥了重要的作用。但成都市地下空间开发目前所处的阶段依然为“平战结合”的初级阶段，还未提出清晰的多维度、多层次的地下空间综合开发概念，依然处于多头管理、无序开发的阶段。

1.3.3　地下空间开发利用的问题与挑战

1. 长远战略规划与主动开发缺乏

不同于地上建筑结构仅被空气介质包围，地下空间结构赋存于复杂的地质条件、水文条件中，其结构不易被移除，且开发成本远高于相同条件的地上建筑，致使地下空间的开发具有不可逆性。传统的城市规划是对城市二维平面空间进行不同功能系统的布置，地下空间的规划则是对各功能系统进行不同平面范围、不同深度层次的统筹安排，是真正意义上的三维规划(彭芳乐等，2019)。地下空间开发的不可逆性和三维规划的特点要求地下空间的规划具有科学性、前瞻性，以满足可持续发展的要求。

目前，虽然我国大部分地区已经普及了地下空间的规划，但囿于规划主体机构的不明确性以及对地下空间规划的重要性和必要性内涵的认识不足，对地下空间规划缺乏有效性、实质性、长远战略性内容，缺乏对地下空间资源的统一协调规划，造成地下空间开发以被动开发为主，缺乏与未来城市规划功能的衔接，存在严重的滞后性。

现阶段，我国城市基础设施建设蓬勃发展，城市地铁、综合管廊、地下公路隧道、地下排水系统等城市地下基础设施开发建设进入了战略机遇期。主动开发地下空间资源，统筹规划地下空间资源近、中、远期的建设任务，协调地下空间各功能系统的建设时序和空间优先权，进行地下空间的远期战略规划，完成地下技术设施的战略一体化开发，依旧面临着巨大的挑战。

2. 地下空间法治体系和管理体制不完善

我国关于地下空间开发的法治理论建设长期滞后，对于地下空间开发过程中的实际问题缺乏专门性的法规规章，各级政府制订地下空间开发的相关地方法规缺乏指导，很多具体问题的专项规定分散且不完备，各规定之间衔接不力，呈现出严重的碎片化，例如，对于投资者至关重要的地下空间建筑物的产权问题、大规模存在的平战结合开发的地下空间的权属问题、近接工程的衔接问题等(孙小菊和许云峰，2014)。目前，在地下空间建设用地使用权审批、产权登记、地下轨道交通建设等领域，地方性法规尝试进行规范，但仅限于小范围、某个具体方面的探索，法制建设方面的缺失依然困扰着政府各部门、投资者。政府各部门之间、政府各部门与投资者、投资者之间依然存在较多的纠纷，思想不统一，无法可依的局面可能将长期存在。

3. 地下空间定位与效益的认识不足

目前，各城市对地下空间开发的认识还停留在地上建筑的附属设施阶段，缺乏对地下空间的合理定位。作为城市空间资源的一种，地下空间资源应当得到合理利用，深部地下空间作为一种非再生资源更应该得到谨慎开发。

现阶段，各级市政部门和开发商过多关注于地下空间较高的造价，利用已有的评估地上建筑经济效益模式评价地下空间建筑，对地下空间带来的经济效益评估工作量化不够细致，对地下空间资源节约的土地收益评价较小。同时，没有形成一套科学、合理的评估地下空间环境效益、社会效益的量化方法，对地下空间带来的综合效益也没有足够重视。

4. 前瞻指导和预控措施缺乏

近年来，根据若干大型地下空间建设的经验总结，各城市依然缺乏对辖区内已有地下空间资源和潜在地下空间资源的探测，地下空间资源的战略性规划引领依旧很少，致使地下轨道交通、地下综合管廊等大型市政基础设施面临不充足的地下空间资源可以利用的难题。

目前，虽然各城市已经对地下空间的发展制订了相关专项规划，但依然缺失区域范围内整体性规划，地上地下统一规划考量很少，地下空间发展依然处于分布不均衡、衔接较少、缺乏公共整体性的初级阶段。同时，地下空间专项规划与土地利用规划、人防工程规划、地下市政管网规划等其他城市规划依然存在编制主体不同、编制时间不一致、建设实施期限不同步、建设内容不衔接的问题。这类地下空间建设布局不均衡、不统一的现象将制约深部地下空间的开发和后续整体空间资源的开发，造成地下资源浪费(魏秀玲和杨承志，2010)。

参 考 文 献

包太, 朱可善, 刘新荣. 2003. 国内外城市地下污水处理厂概况浅析[J]. 地下空间, 23(3): 335-340.

陈宏喜, 丁志良. 2018. 长沙市地下综合管廊试点项目防水施工工艺[J]. 中国建筑防水, (10): 27-31.

陈珺. 2015. 北京城市地下空间总体规划编制研究[D]. 北京: 清华大学.

陈育霞, 张晓妍. 2012. 北京交通枢纽综合开发的体制障碍及对策[J]. 综合运输, (10):80-83.

陈志龙, 刘宏, 张智峰, 等. 2018. 中国城市地下空间发展蓝皮书(2018)[J]. 城市地理+城乡规划, (5): 1-2.

崔曙平. 2007. 国外地下空间开发的现状和趋势[J]. 城乡建设, (6): 68-71.

范文莉. 2007. 当代城市地下空间发展趋势——从附属使用到城市地下、地上空间一体化[J]. 国际城市规划, (6): 57-61.

伏海艳, 朱良成. 2016. 善用地下空间资源——香港地下空间发展的经验和启示[J]. 地下空间与工程学报, 12(2): 293-298.

顾承兵. 2006. 上海市地下空间概念规划[J]. 上海城市发展, (1): 33-35.

胡斌, 田梦, 吕元. 2016. 地下商业综合体疏散设计探讨——以北京市海淀区个案为例[J]. 地下空间与工程学报, 89(2): 5-10.

胡春林. 2009. 武汉城市地下空间开发利用初探[J]. 武汉建设, (1): 10-11.

康宁. 2001. 美国的地下空间开发和利用[J]. 浙江地质, 17(1): 67-72.

李地元, 莫秋喆. 2015. 新加坡城市地下空间开发利用现状及启示[J]. 科技导报, 33(6): 115-119.

李夺, 朱忠东. 2008. 长沙市利用地下空间的战略研究[J]. 中外建筑, (9): 109-111.

刘朝明, 马忠政, 束昱. 1999. 关于上海地下空间利用的现状及思考[J]. 地下空间与工程学报, (1): 66-69, 88-89.

刘春彦, 沈燕红. 2007. 日本城市地下空间开发利用法律研究[J]. 地下空间与工程学报, (4): 5-9.

刘旭辉, 陈橙, 王剑. 2016. 上海城市地下空间规划建设回顾与分析[C]// 2016 中国城市规划年会. 上海.

马怀廉, 李琪, 韩玉. 2001. 美国的城乡供水[J]. 中国农村水利水电, (4):22-24.

马正婧, 张中俭. 2018. 香港城市地下空间开发利用现状研究[J]. 城市建设, (12): 62-68.

彭柏兴. 2008. 长沙地铁勘察若干问题的探讨[J]. 城市勘测, (2): 140-146.

彭芳乐, 乔永康, 程光华. 2019. 我国城市地下空间规划现状、问题与对策[J]. 地学前缘, 26(3): 57-68.

任日莹. 2017. 杭州地铁: 建设“大交通”, 引领新发展[J]. 杭州: 生活品质(4): 11-15.

任彧, 刘荣. 2017. 日本地下空间的开发和利用[J]. 福建建筑, (227): 31-40.

邵根大. 2010. 新奥法在新加坡轨道交通工程建设中的应用[J]. 现代城市轨道交通, (3): 92-95.

孙华. 2013. 青岛市地下空间开发利用研究[D]. 青岛: 中国海洋大学.
孙辉. 2005. 武汉市城市地下空间开发利用研究[D]. 武汉: 华中科技大学.
孙小菊, 许云峰. 2014. 城市地下空间开发利用问题的探索与实践[J]. 价值工程, (36): 142-143.
谭瑛, 杨俊宴, 黄黎敏, 等. 2007. 土地集约利用背景下的城市地下空间开发-以济南地下空间规划研究为例[J]. 规划师, (10): 14-18.
童林旭. 1985. 在新的技术革命中开发地下空间——美国明尼苏达大学土木与矿物工程系新建地下系馆评介[J]. 地下空间与工程学报, (1): 12-18.
王成善, 周成虎, 彭建兵, 等. 2019. 论新时代我国城市地下空间高质量开发和可持续利用[J]. 地学前缘, (3): 1-8.
魏秀玲, 杨承志. 2010. 我国城市地下空间开发利用管理相关问题探讨[J]. 中国房地产, (7): 62-63.
武子栋, 何媛. 2019. 古代地下空间利用历史回顾与启示[J]. 建材与装饰, (16): 80-81.
夏永旭. 2006. 现代公路隧道发展概述[J]. 交通建设与管理, (12): 80-82.
杨益, 陈叶青. 2018. 国外城市地下空间发展概况[J]. 防护工程, 40(3): 60-66.
曾宏伟. 2002. 废水回用——裕廊岛的经验[J]. 建设科技, (9): 24-25.
张远飞. 2013. 武汉市轨道交通地下空间开发利用研究[D]. 武汉: 华中科技大学.
章立峰, 闫自海, 彭加强, 等. 2015. 杭州地下空间发展展望与研究[J]. 隧道建设, 35(4): 285-291.
朱思诚. 2005. 东京临海副都心的地下综合管廊[J]. 中国给水排水, 21(3): 102-103.

第2章　世界卓越城市地下空间开发利用趋势

2.1　卓越城市地下空间开发利用趋势

城市地下空间开发利用的本质是向地下开拓空间，在更为广阔的纵深空间上合理布局各项城市功能体，从而缓解并释放城市地面用地压力，从根本上改变城市的空间结构，逐步改善城市地上环境，使城市呈现出地上和地下空间协调发展的崭新面貌，从而提升居民的生活品质。

在城市化高度发达且快速发展的今天，一些走在时代前沿、并拥有面向未来发展理念的世界“卓越城市”，在城市地下空间的开发利用上已经由过去的被动开发、因需而建转变为主动规划、有序开发。世界“卓越城市”对地下空间的开发利用趋势主要表现在以下几个方面。

(1) 科学化：全面调查、合理规划，地上地下统筹协调发展。地下空间是城市的不可再生资源，其开发利用具有不可逆性。因此，城市地下空间应该科学化规划，在全面调查、充分分析论证的基础上，遵循科学预测、适当超前、空间衔接、结合实际的指导思想，合理规划地下空间资源，谨慎开发，最大限度发挥其稀缺资源的功效，构建可持续发展的地下空间。城市地下空间的科学规划要求整合资源配置，优化产业结构，地上地下统筹协调发展，并协调人口、环境、经济和社会资源之间的发展关系，保持在城市生活空间及交通组织优化设计、旧城改造与资源利用等方面均能有序、科学地发展。

(2) 生态化：环境友好型、资源节约型开发。未来城市空间建设应走向生态化发展方向，建设环境友好型城市，这就要求未来生态化城市必须摒弃传统城市能耗高、污染重、资源利用率低的建设和运营机制，进行资源节约型开发，提高资源的利用效率，使物质、能量得到多层次的分级利用，注重生态安全，从而保证未来长期发展的稳定性。未来地下生态城市发展应采用环境友好型的施工方法和开发管理模式。通过地下模拟阳光、空气智能重生、纯净水自循环、地下植被移栽等技术，形成独立的地下空间自循环生态系统，并引入深地地热转换与地下储能系统、水电调蓄系统及地下水库等资源储供体系，进而构建地下生态圈(谢和平等，2017a)。

(3)综合化：地下多功能综合体建设。未来城市地下空间开发利用将摒弃形式单一、功能布局分散的开发模式，对城市地下空间涉及的地下交通、市政、居住、医疗、商业、娱乐等多种功能进行系统性、全局性的顶层设计和综合规划，考虑其对城市运营体系、产业化发展和后续开发的影响，注重城市地下空间各部分之间的联系，并结合城市改造，分区域、分阶段地建设地下多功能综合体。同时，也注重地下空间与地上设施的联系，使过去封闭、孤立的地下空间发展成为四通八达的综合性空间，构建交通方便快捷、设施发达齐全、功能互联互通的新型城市地下空间。

(4)深层化：深度开发，分层规划。未来城市地下空间开发将由目前的浅层开发为主逐步向深层开发转变。考虑到地下深层空间资源的不可再生性，对城市地下空间的深层规划更应当从顶层设计出发，长远规划、分步骤地循序渐进开展，构建深地发展战略蓝图。地下空间开发与利用需要根据在不同深度的环境条件规划不同功能的结构物，互不干扰，协调发展，共同构建地下立体城市(谢和平，2019)。面向未来地下工程的深层化开发，需要积极研究深地发展科学规律，探索相关技术(如地下生态圈构建技术、地下能源循环系统、深地资源利用技术等)，并应用到地下城市空间开发，利用深地特殊环境建立深地科学实验室进行深地科学探索，使深地空间工程开发与科研探索相互促进、融合发展。

(5)智能化：打造完善的智能监测、智慧管理系统。随着新一代通信技术、物联网、大数据、云计算与人工智能等新技术变革日益加快，未来城市地下空间开发中智能化施工、智慧化管理成为必然趋势。未来地上地下一体化智慧城市将以物联网技术作为基本载体，打造完善的智能监测、智慧管理系统。搭建交通线路规划、停车场行程、城市气候变化信息化共享平台，将城市资源(水、电、气)、设施(地下管线、隧道、建筑)碎片化的信息融为大数据平台，并在居民日常事务、健康医疗等方面实现全天候人工智能协助管理，构建真正的高科技地下智慧城市。

(6) 人性化：以人为本、注重人的生理健康和心理感受。未来城市地下空间要保障人们健康、舒适、便利进行活动，对城市地下空间的设计和建设中应该重视“以人为本”的人性化设计理念，注重人的生理健康和心理感受。考虑到地下空间存在空间幽闭、通风采光条件差、潮湿易腐等天然缺陷，必须从人类的身体健康、视觉体验、心理感受等方面出发，开展城市地下空间人性化设计，打造充满空间活力、富有生机和情趣、舒适的城市地下空间。

2.2 卓越城市地下空间科学化

2.2.1 地下空间科学化规划

城市地下空间的开发目前远远滞后于地面空间的开发，主要原因是各城市对地下空间规划远远落后于城市总体规划。未来城市地下空间的大规模发展需要制定长期规划。因此，世界“卓越城市”均在前期行了科学化的地下空间发展规划。

1. 新加坡地下空间开发利用总体规划

新加坡是一个城市国家，城市东西跨度约 48km，南北宽度约 30km，国土面积十分狭小，而人口密度已接近每平方公里 1 万人，成为世界上最拥挤的地区之一，土地一直以来是新加坡发展的最大制约。

新加坡面临着城市空间需求不断增长与土地资源不足的难题，新加坡政府从两方面寻求解决方案：一方面通过填海造地，争取城市建设空间，在过去的 50 多年间通过填海造陆的方式将陆域面积由 581km^2 拓展到 722.5km^2，使国土陆地面积增长了 20%以上；另一方面，新加坡充分挖掘现有城市建设区的空间潜力，实施城市建筑向高层发展，目前已经有 95%的新加坡人居住在高层建筑内。然而，填海造地的开发方式越来越多受到地理边界、水深限制和海平面上升等问题的限制，空军基地和机场周边地区的建筑高度限制及“热岛效应”等生态环境问题也使得建筑高层化发展越来越受到挑战。

在释放空间压力和保证经济发展的驱动下，从自身国情出发，开发地下空间成为新加坡势在必行的发展方向，以对新加坡城市建设区的地下空间进行科学合理开发，实现在有限的城市建设用地内扩充城市空间容量。同时，因为新加坡城市地下空间开发具有不受气候、交通等干扰和不改变城市地面空间属性等优势，近年来已经受到新加坡政府、研究机构乃至社会各界的普遍关注。

为了更科学地开发利用城市地下空间，新加坡对地下空间进行总体规划。图 2-1 为新加坡地下空间利用的初步构想，在地面以下不同深

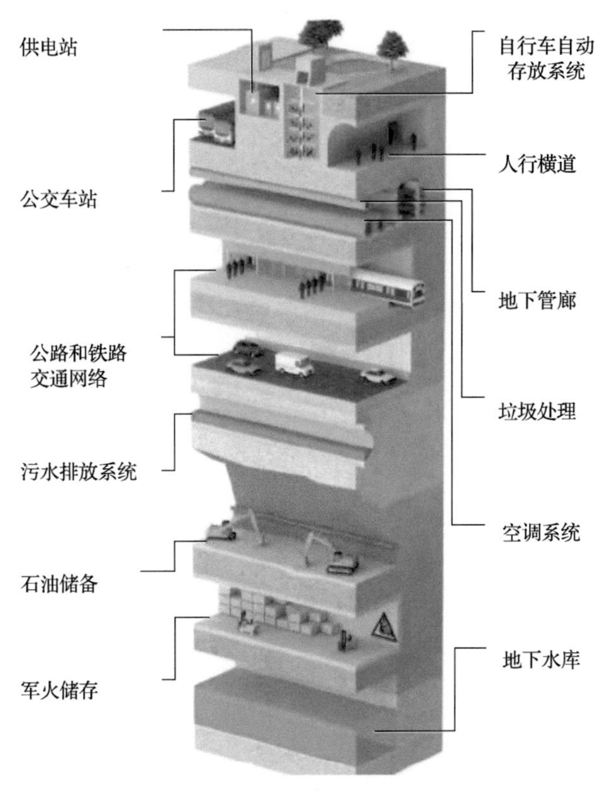

图 2-1　新加坡地下空间规划模型

来源：http://www.uzaiw.cn/uzai-15-1314940.html

度设置供电站、自行车自动存放系统、公交车站、人行横道、地下管廊、垃圾处理、空调系统、公路和铁路交通网络、污水排放系统、石油储备、军火储存、地下水库等。

新加坡市区重建局已公布的新加坡总体规划草案(2019)透露了部分新加坡政府地下空间规划。率先公布了打造新加坡地下城市地图第一阶段的650公顷地下空间规划，包括滨海湾、裕廊创新区和榜鹅数码园区的三维规划图，在这些地区的地下8m、15m和25m不同深度空间规划了交通枢纽、步行街、自行车道、公共设施、仓储和研究设施、工业应用、购物区和其他公共空间(辛斌，2019)。另一个地下科学城项目也在规划中，包括40个连通的岩洞，距离地表的距离相当于30层楼的高度，可容纳4200名研究人员，未来将作为生物医疗和生命科学产业的研发和数据中心。

2. 香港地下空间开发利用总体规划

香港是位于中国南部的现代化国际大都市，属于山多平地少的典型海滨地貌，而这些仅有的少量平坦地区早已被充分开发，成为中国目前最繁荣也是最繁忙拥挤的区域之一。在香港岛的湾仔、铜锣湾、中环和九龙半岛的油麻地、尖沙咀、旺角区等区域，遍布着大量高密度的高层住宅和商业大厦，无数人行、车行通道穿梭其间，这些民用、商用建筑和公共设施已经占据了大量地上空间。

香港的自然丘陵地形广泛分布着坚硬的火成岩，适合建造地下洞室和隧道。香港的城市土地资源极为稀少，地下空间的开发利用可满足城市发展的需求，也是对环境影响较小的发展方案。在城市地下空间开发利用方面，香港在过去几十年里也卓有成效，香港岛和九龙半岛有多条地铁轨道在营运，城市地下分布着大量地下道路等公共设施，还建成了许多地下建筑，积累了丰富的地下工程经验，并一直在积极探索制定香港地下空间开发利用的中长期发展规划和相关公共政策指引。

为促进地下空间的科学化开发，香港政府很早就开展了一系列城市地下空间发展策略及工程技术的研究，探索如何合理利用香港地下空间，系统研究地下空间的规划、设计、建设和使用。2009 年，香港政府编制了《香港地下空间开发利用纲要》，指导香港的岩洞开发、地铁规划、隧道设计、地下商城、地下水库和地下管道设施的建设。2010 年，香港政府完成了《善用香港地下空间及岩洞发展长远策略》，对香港地下空间发展方向做出了的长期规划。香港土木工程拓展署于 2011 年根据香港的地质特点绘制了香港岩洞的适宜性开发地图表明香港土地约 2/3 面积适宜发展岩洞。在科学规划的指引下，未来香港将更合理地开发利用城市地下空间。

2.2.2　地下空间科学化设计

城市地下空间与地上空间应该是一个有机的整体，两者在功能上相辅相承、在形态上密不可分，同时又相互影响、相互制约。因此，城市地下空间设计过程中，要以既有的城市地上空间功能为基础，并考虑城市发展长远规划，将地上与地下统筹协调，科学设计。

蒙特利尔是加拿大的第二大城市，被联合国教科文组织授予了“设计之都”，它闻名于世的设计创意就是地下城市。早在 20 世纪中后期，蒙特利尔就建设了一条环形地铁线路，并对地铁周边的土地进行了相应的开发利用，奠定了地下城建设的基础。伴随蒙特利尔中心区大规模的重建，大量修建的地下人行通道将地铁周边的土地和周围建筑物的地下室衔接起来，形成了一个交通便捷的地下空间。同时，为了鼓励社会资本参与地下空间开发，政府部门将地面广场和地下空间使用权贡献出来，由开发商进行建设和运营，也制定了相应的建设和管理标准，保障城市地下空间的建设和安全。

建成后的蒙特利尔地下城（图 2-2）位于威尔玛丽区地下，长达 17km，被连接起来的 60 多个建筑群总面积达到 360 万 m^2（Zacharias，2007）。步行街全长 30km，连接着近 2000 家店铺，其中包括小商铺、大型百货商城、餐厅、银行、电影院、剧院、展览厅等，此外还有 10

个地铁车站、2 个火车站、一个长途汽车站以及一个可停放 1 万辆汽车的停车场。蒙特利尔地下城距地面相对较近，所以地下城出口均设有自动升降梯，这样地下空间与地上建筑之间的联系也得到增强，蒙特利尔每天有超过 50 万人走入到这一相互连接的地下空间中。

图 2-2　蒙特利尔地下城(Surhone et al., 2013)

蒙特利尔地上地下一体化的科学开发，不仅促进了城市功能向地下空间的拓展，也打破了传统城市建筑内外空间概念的界限，增强了城市空间在平面和纵深方向上的连续性和整体性，实现了城市的三维立体发展。

2.2.3　地下空间科学化改建

随着全球城市化进程的不断推进，城市发展给脆弱的生态环境带来的压力也不断加大，生态环境恶化问题日益受到人们重视。为了在一定程度上改善目前粗放的城市发展模式，创造并实现新的城市发展模式和理念，社会中逐渐出现了“生态修复、城市修补”的“城市双修”理念。“生态修复”的目的是使城市开发和利用对城市生态的影响降到最小，创建适宜人居住的健康生活环境，在最大程度上实现城市的生态自我恢复体系。“城市修补”是在对现有的城市文化、遗迹、网络体系保护的基础上，加大对城市基础设施的建设力度，使地下空间的利用程度最大化。要实现“城市双修”理念，进行城市改建，自然也离不开城市地下空间的开发利用。

巴黎卢浮宫是世界最著名的博物馆之一，馆中收藏了大量来自世界各国的艺术珍品。原有宫殿内的厅室虽然空间容量大，但作为一个现代大型艺术博物馆，其具备的服务设施和辅助用室却严重不足，所以必须进行扩建。但是按博物馆数万平方米的扩建规划，卢浮宫周围没有发展用地，同时为了保持原宫殿的造型和布局，地面上无法新建任何建筑物，此时地下空间自然成为了卢浮宫扩建工程的选择方向(宿晨鹏，2008)。

卢浮宫扩建工程的设计者们在广场原宫殿两条主要轴线的交叉点上，设计了一座玻璃金字塔作为扩建后博物馆的主入口(图 2-3)，既与原宫殿建筑取得了和谐，又解决了地下中心大厅的天然采光问题，参观者可以通过螺旋楼梯、自动扶梯或升降电梯从玻璃金字塔进入地下门厅(勉成，1996)。地下中心大厅四通八达，把参观路线分成东、西、北三个方向，并通过地下通道与原展厅联系在一起。整个地下综合体总面积达 6.2 万 m^2，地下负一层、负二层充满广场下部，局部有地下三层，布局有报告厅、图书室、餐厅、咖啡厅和艺术品商店等，在通道两侧布置有库房和研究用房、办公用房、技术用房、设备用房等，其中库房的数量和面积都比较大。还在拿破仑广场以南建了一座大型地下停车场，扩建的地下空间满足了交通、休息、服务、贮藏、餐饮、停车等功能。

图 2-3　卢浮宫博物馆主入口及地下大厅

巴黎卢浮宫扩建工程利用区域地下空间集约化开发，在保护原宫殿整体文化观感的基础上，扩充了作为现代博物馆的服务功能，改善了参观路线，使巴黎拥有的这一珍贵历史文化遗产焕然一新，更好地为世界人民服务，同时充分体现了地下空间开发利用在城市改扩建中保护与发展相结合的优越性。

2.3　卓越城市地下空间生态化

伴随着全球城市建设的快速发展，资源紧缺、环境污染、自然灾害等一系列生态环境问题日益严重，城市生态化建设和可持续发展已经成为当前和今后城市建设的重要方向。城市地下空间作为城市的一个子系统，充分发掘和利用地下空间对城市生态化建设的有利特性，将有助于改善城市生态环境、促进城市可持续发展。未来地下空间必然走上生态化开发之路，以构建环境友好、资源节约的地下生态系统。

2.3.1　地下空间自然生态的构建

地下空间的发展逐步趋向于生态环保，模拟的阳光、空气、洁净水、生态植被等开始引入地下公园、地下农场中，构建地下自然生态循环系统。

地下农场是地下空间自然生态系统的主要部分，绿色农作物可以吸收二氧化碳排出氧气供生物呼吸，同时提供绿色食品。英国伦敦南部二战遗留的地下防空洞，在地面约 30m 以下，占地约 15.17 亩，2014 年被改造成为供应绿色食品的地下农场(图 2-4)，采用 LED 人工光源作为地下“阳光”，其深度保证了地下农场可以维持 16℃的稳定温度，无须担忧季节变换、干旱等问题，农作物可全年生长(苗苗，2015)。曾经废弃的地下防空洞，瞬间转变为春意盎然的绿色空间。农场是封闭的无尘环境，自身就有隔绝病虫害的优势，所以完全不用施放农药。另外，特别设计的通风系统、技术领先的光照系统和设计精巧的灌溉系统，保证了整个种植过程的环保节能，令这座地下农场的能源消耗仅为地面温室的一半，节约用水量达到 70%。未来地下生态农场的目标是在对环境无影响的前提下种植农产品，且消耗的能源均是绿色能源(谢和平等，2017a)。

图 2-4　伦敦地下农场

来源：http://web.ilohas.com/daily/674

2.3.2　地下空间资源节约化开发

2010 年，上海世博会以“城市，让生活更美好”为主题，作为探索城市发展理想模式的世博会，其园区布置、场馆设计和新技术使用对世界各国城市发展模式有很大的参考意义。作为面向未来的城市空间拓展方向和衡量城市现代化的重要标志，城市地下空间开发利用在上海世博园得到了充分的体现，并将节能减排技术大量运用在园区地下空间的规划、设计和建设中。

上海世博园内世博轴及地下综合体(简称世博轴)是由地面高架平台和二层地下空间组成的立体交通建筑，长 1000m，宽 100m，建在浦东世博园核心区主轴线上，占地面积约 13 万 m^2，总建筑面积约 24.8 万 m^2。世博轴充分体现了生态化的设计理念，实现了地下空间的资源节约化利用，将灯光设计与节能设计相结合，通过阳光谷、中庭洞口、斜向绿坡及空间敞廊等设计，使内部空间在水平和竖向均能通透开放，且为室内引入良好的自然采光。同时场馆内可充分利用自然通风，以改善室内空气品质，达到节能减排的目的(图 2-5)。在新型绿色能源利用方面，世博轴地下铺设了 250km 长的管道，把长江水源与地热泵系统集成，通过长江水源热泵系统和桩基埋管地源热泵系统，实现了地下空间能源利用的低碳环保。

图 2-5　上海世博会世博轴

来源：https://2010.qq.com/a/20100510/000429_9.htm

2.4　卓越城市地下空间综合化

世界卓越城市地下空间开发利用将摒弃形式单一、功能布局分散的开发模式，对城市地下空间涉及的地下交通、市政、居住、医疗、商业、娱乐等多种功能进行系统性、全局性的顶层设计和综合规划。考虑城市地下空间对城市运营体系、产业化发展和后续开发的影响，注重城市地下空间各部分之间的联系，并结合城市改造，分区域、分阶段地建设地下多功能综合体。同时，也注重地下空间与地上设施的联系，使过去封闭、孤立的地下空间发展成为四通八达的综合性空间，构建交通方便快捷、设施发达齐全、功能互联互通的新型城市地下空间。

随着经济社会的高速发展，全球城市建设逐渐从粗放型转向集约化发展，地下空间的开发利用也将立足于城市的整体建设与功能需求，将多种城市功能合理整合，走综合化开发道路。地下综合体建设的目的、规模和功能各不相同，未来地下综合体将从孤立的空间形态，通过点、线、面、网等多种形态进行组合，发展成丰富的综合性空间，建设交通、市政、居住、商业、娱乐等多功能地下综合体。按照地下综合体区位建设的不同，可以主要分为两大类，即商业中心型地下综合体和交通枢纽型地下综合体。

2.4.1　地下空间综合化商业开发

美国纽约市的洛克菲勒中心（图 2-6）是 20 世纪 40 年代建成的建筑综合体，位于纽约最繁华的商贸金融中心——曼哈顿岛，占地约 8.9 公顷，地上格状排列着多栋大厦，地下分布着四通八达的地下空间，成为地下空间与地上建筑一体化开发的典范。洛克菲勒中心地下综合体包括主轴上的中央下沉广场以及周围其他高楼的地下商场、地下通道和地下停车场，地下商业包括零售商店、餐馆和剧院等。通过地下步行系统连

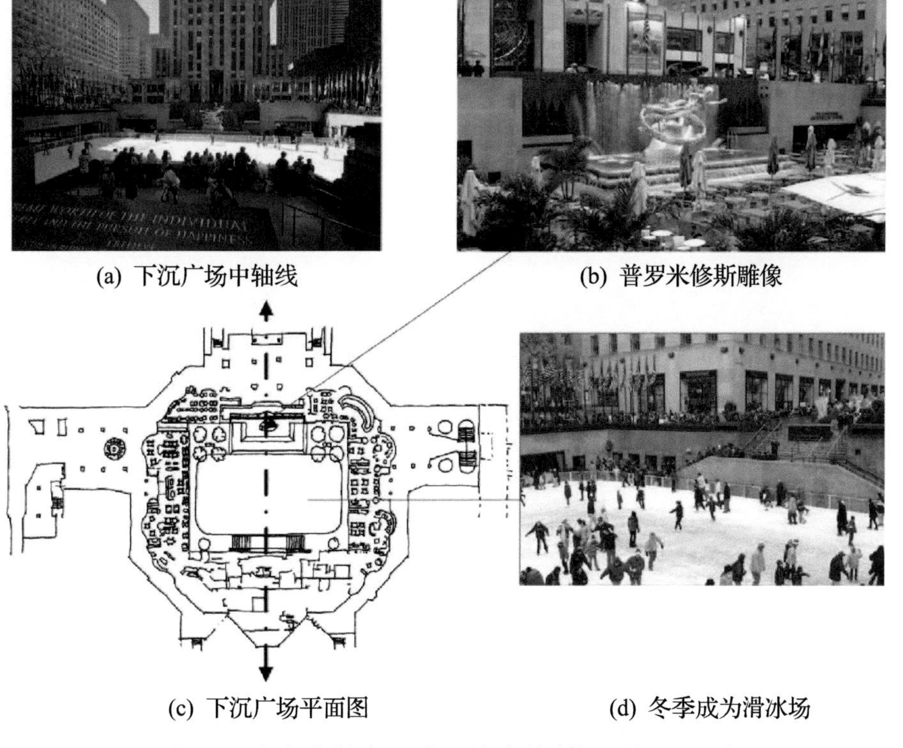

(a) 下沉广场中轴线　(b) 普罗米修斯雕像

(c) 下沉广场平面图　(d) 冬季成为滑冰场

图 2-6　洛克菲勒中心地下综合体（苏理昌，2015）

接数个商业中心和多幢大型公共建筑，公共服务功能的地下空间与地上建筑协调设计，市民在这里上班、交通、消费、休闲观光，可以互不干扰、环境舒适，展示出地下空间综合化设计的独特魅力。

洛克菲勒中心通过地下步行系统串联整片区域，其地下、地上空间形成大型区域综合体的设计思路非常值得借鉴。地下步行系统在各个建筑物地下形成没有其他交通方式隔断的完整网络，实现了区域内部人车分流，有效改善了高密度开发区的地面交通状况。而且，立体化的通行空间扩大了人流的活动范围，丰富了公共空间的环境氛围，使各个建筑在实际空间上的联系比街道界面更紧密(吴焕加，1997)。

2.4.2　地下空间综合化交通建设

柏林在二战中遭受战火重创，城市建设几乎被完全摧毁，在东德与西德重新统一之后，柏林恢复成为德国的首都，柏林开始启动一系列复兴计划。波茨坦广场曾经是柏林的社会文化生活中心和欧洲的交通枢纽，但几乎被二战战火夷为平地，波茨坦广场地区的重建计划成为柏林复兴计划中的重点项目。城市总体设计方案将波茨坦广场地区划分成奔驰-克莱斯勒区块、索尼区块和 ABB 区块三个区域，最终开发形成了三个各具特色、功能不一的区块(图 2-7)。

(a) 波茨坦广场平面图

(b) 索尼中心

图 2-7　波茨坦广场

来源：https://bbs.co188.com/thread-2849803-1-1.html

作为波茨坦广场地区重建计划的重要内容，对其地下空间的开发利用备受关注。地下空间的开发利用需要满足两方面需求：一是扩充城市容量，二是支撑整个地区的地下交通设施。波茨坦广场地区重建工程充分利用了地下空间资源，从而提升城市容积率。比如奔驰-克莱斯勒区块，占地约 6.8 万 m^2，由 19 座建筑组成，建筑总面积 55 万 m^2，包含地上 34 万 m^2 和地下 21 万 m^2，地下空间建筑面积占比近 40%，地下空间用以实现商业、停车、娱乐等功能，以商业步行街形式为主。索尼区块和 ABB 区块的地下空间开发和奔驰-克莱斯勒区块类似。

重建后的波茨坦广场地区成为柏林新的商贸中心，每天汇聚于此的人流量十分庞大。但为了保持柏林古典街道建筑的风格，该地区地面道路狭窄，所以开发利用地下空间成为解决该地区交通问题的主要手段。波茨坦广场地区在交通设施新建过程中，在广场地区新建两条轨道交通线，缓解地区的人流交通；将广场东部的铁路主干线放入地下，即从柏林中央车站到波茨坦广场地区的铁路主干线放入中心区的地下；将广场西侧环内城的公路在中心区 2.4km 段改为地下道路，并有联系通道将地下道路与中心区各区块连通；同时，新建现代化的波茨坦广场车站，用于实现区域快速铁路、城市地铁和轻轨的三线换乘。

波茨坦广场的地下综合体实现了承担交通枢纽和拓展城市空间两方面的功能，通过地下空间与地上建筑综合布局、统一规划，完成城市的立体设计，妥善解决了不同交通工具之间的换乘，并为人流提供了舒适的活动空间。在各地铁站，每天客流量十分庞大，开发过程中利用地下空间的优势，发挥地铁站作为连接纽带的作用，为乘客提供方便的同时争取商业价值，促进地下通道连接大片的商场组成一个地下商业、休闲活动中心。

地处重庆市核心区的沙坪坝铁路综合交通枢纽是全国首例在高铁站上盖建设大型城市综合体项目。沙坪坝铁路综合交通枢纽地下 8 层、地上 2 层，融城际铁路客运站、市内轨道交通、城市道路、人行交通及城市广场为一体(图 2-8)。综合交通枢纽体系设置在地下 8 层，其他各层布局不同交通功能，通过无缝换乘设计，形成立体、便捷、高效的交通转换系统，实现人员流动与商业中心有机衔接。

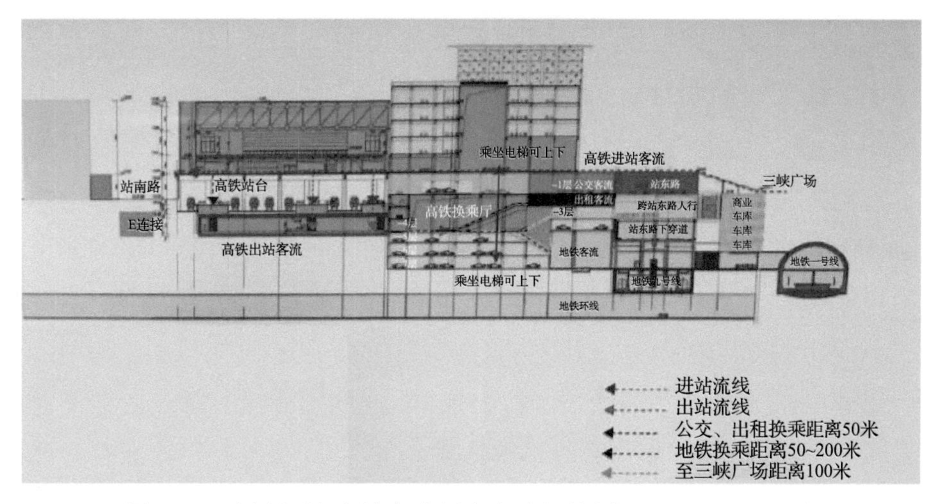

图 2-8　沙坪坝铁路综合交通枢纽剖面图(Rayspace，2019)

沙坪坝铁路综合交通枢纽基坑开挖深度达 47m，地下空间采用全立体布局进行充分开发，高铁站台、高铁换乘通道、高铁换乘厅、铁路配套用房、公交车站、出租车站、轨道九号线车站、设备用房及地下停车库等合理分布在负一至负七层(图 2-9)，各主要交通工具之间的换乘距

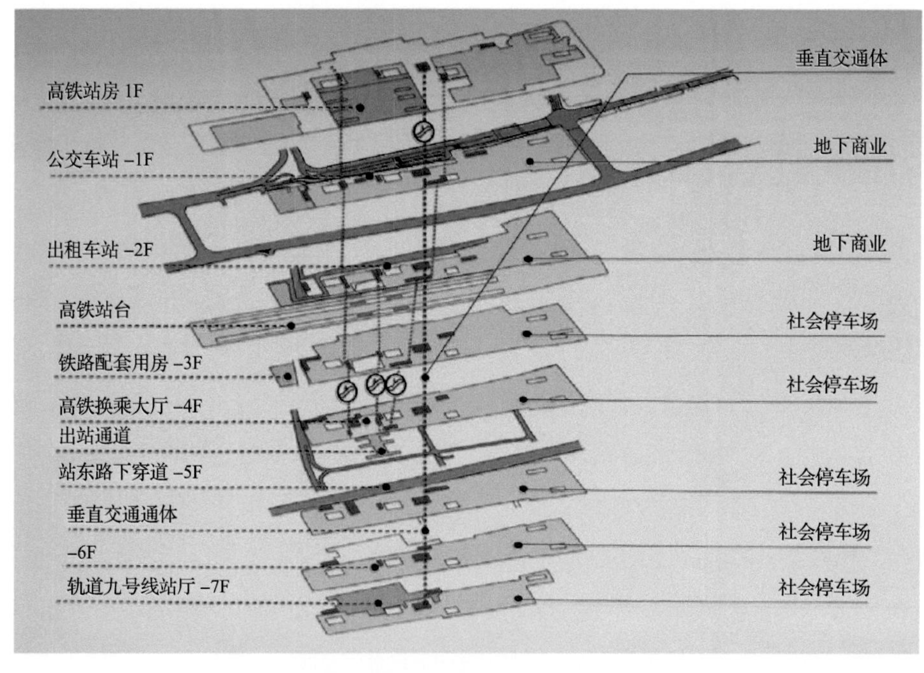

图 2-9　沙坪坝铁路综合交通枢纽地下空间功能分层(Rayspace，2019)

离均在100m以内，实现了交通方式的无缝换乘。沙坪坝铁路综合交通枢纽地下总建筑面积约25万m^2，与地上高层建筑有机融合构成大型现代化城市综合体，形成方便快捷的交通体系和现代化的商业中心。本项目配合周边城市地下道路立体交叉、人车分流的布局，显著缓解了区域交通压力，同时拓展了城市空间，为市民提供了更加舒适的生活、办公和休闲场所。

2.5　卓越城市地下空间深层化

深度开发，分层规划，互不干扰，卓越城市地下空间开发由目前的浅层开发为主逐步向深层开发转变。考虑到地下深层空间资源的不可再生性，对城市地下空间的深层规划应当从顶层设计出发，长远规划、分步骤地循序渐进开发利用，构建深地发展战略。地下空间开发与利用需要根据不同深度的环境条件规划不同功能的结构物，互不干扰，协调发展，共同构建地下立体城市。面向未来地下工程的深层化开发，需要积极研究深地发展科学规律，探索相关技术应用到地下城市空间开发，如地下生态圈构建技术、地下能源循环系统、深地资源利用技术等，利用深地特殊环境建立深地科学实验室进行深地科学探索研究，使深地空间工程开发与科研探索相互促进、融合发展。

2.5.1　深部科研探索

1. 深地科学研究

随着人类对地下空间的开发利用，掘进深度越来越深。在深地环境下有增重效应，同时具有“三无”(无宇宙射线、阳光及氧气)、“三高”(高温、高压、高湿)等环境特征。目前已经悉知失重、高空等环境对人及生物的影响，而地下低辐射、超重、岩石对人及生物的影响研究尚接近于空白。针对深地特殊环境，构建深地科学实验室进行大规模科学探索已逐渐成为趋势。矿井等地下空间独特的隔音隔震、天然抗灾、无辐射、恒温恒湿等优势为深部科学探索提供了良好的场所。美国明尼苏达州利用一座废弃的铁矿建造了地下实验室，用于寻找暗物质和中微子交互的属性。加拿大萨德伯里利用一座废弃的地下矿井建造了斯诺中微子实验室(SNOLAB)用于研究天体粒子物理学。日本神岗地下实验室位于日本神岗附近的一个矿井中。中国锦屏地下实验室位于水电站的交通隧道中，用于暗物质探测研究和中微子实验。因此，在矿井等深地地下空间设置地下空间站、深地数据中心等(图 2-10)，对开展深地科学探索具有重要的意义(谢和平等，2017a，2017b，2017c，2018)。

图 2-10　深地科学研究(谢和平等，2017b)

目前，深地科学探索构建的关键技术包括：①深地原位保真取心与测试关键技术。针对深部能源的开发与储存以及深部岩石力学、微生物学等前沿学科研究，开发能够实现深部原位“保压、保温、保光、保湿、保质”的高保真取心与测试技术。②深地空间舱构建技术。利用深地高温、高压、增重、超低辐射等天然环境，构建深部的、原位的实验舱，开展深地微生物学、深地材料学、地震预报等前沿科学探索。

2. 深地医学研究

原有的深地实验室在从事基础研究的同时，也为人们探索深地环境对人和生物的影响提供了一个平台，开创了一个全新的研究领域。在这些实验室中，开展生物医学相关研究的实验室主要有：意大利格兰萨索实验室、美国位于卡尔斯巴德核废料储存场地的地下空间实验室、加拿大斯诺实验室及法国摩丹地下实验室等。

地下医疗是利用地下空间环境中某些固有特性的医学效应改善、治愈人类疾病的地下场所。可利用的天然洞穴有喀斯特洞穴、盐矿洞穴、放射性热洞等。乌克兰索罗特维盐矿 9 号井筒，位于地下大约 300m，是世界上最深的洞穴治疗场所(图 2-11)。在地下盐矿的微气候环境中，温度、湿度和离子成分稳定，细菌丛和过敏源缺失，高负电荷的干燥氯化钠气溶胶微粒极易进入末梢支气管、肺泡，能促进黏液纤毛的廓清作用，同时刺激肺泡巨噬因子并增强其吞噬活性，对哮喘、气管炎、鼻炎咽炎、支气管炎治疗都有积极效果。在埋深 1400m 的意大利拉奎拉市 LNGS 国家地下实验室中，研究人员发现深地低辐射环境中细胞生长发育减缓，这也许会使得长期居住于深地环境的人类更加长寿。为保障学科建设健康发展，2018 年以四川大学华西医院、临床医学院为依托，整合多个学院资源优势的四川大学深地医学中心应运而生。该中心的成立标志着我国在深地探索领域迈出了重要的一步，打破了深地科学研究的传统范畴(谢和平等，2018)。

图 2-11　乌克兰地下盐矿医院(谢和平等，2017a)

在人类逐渐向深部地下发展的过程中，从事地下活动的人群数量、活动的时间、以及地下空间的深度将持续增加，关注人类在地下空间的健康将是人类医学的新方向。不难想象，未来深地医学研究需要从事和解决的问题主要有如下几个方面：①探索地下环境不同深度对健康人群的生理和心理的影响及影响程度；②探索从细胞到动物，不同深度地下环境对生命体的生理、病理以及有行为认知能力生物心理的长期影响，并阐明机制，为人类进一步开放利用地下空间奠定理论基础；③在现有的研究基础上，充分利用已经发现的有益于健康的地下环境因素，在可选择且安全的范围内开展高质量的临床试验及相关的基础研究，充分利用地下空间开展对人类有利的医疗活动并阐明其机制；④根据深地空间、矿井、隧道等环境数据的采集，在地表进行模拟舱建设，定性、定量研究深地相关环境对生命体生理、病理以及对人心理的影响，最终形成成熟的研究方法和完整的学科体系(谢和平等，2018)。

3. 深地农业研究

深地农场(图 2-12)通过利用地下特殊、稳定的空间环境，释放大量的地面耕地用于城市绿化。在地下，农作物光合作用所需要的阳光，可采用人工智能控制方式，根据不同植物所需的阳光波长，择优选择光谱，不受地面四季限制，确保地下农场的健康发展，彻底摆脱地面靠天吃饭

图 2-12 深地农场

的难题。前苏联乌克兰农业研究所利用废弃矿井试种蔬菜，获得了稳定高产。由于地下空间是天然温室，生物呼吸作用产生的二氧化碳和植物光合作用所需的二氧化碳循环利用，并控制植物生长所需要的空气压力，用特制的水银灯代替太阳光，从而实现温室气候条件的人为控制。一年中多播多收，产量是地面的 10 倍以上，该试验的成功也为地下农场的发展奠定了一定基础。

地下农业种植区建设的关键技术包括：①人造阳光波段环境下植物生长与干预技术。根据不同植物最适宜的阳光波长，探索其生长发育过程的深地演化机制，开发智能干预技术。②地下湿地生态系统的构建技术。利用深部地质环境、热湿环境、微生物环境，以及人工阳光和空气循环技术，有效选择地下生态湿地的组成系统、消费系统以及循环分解系统，建设地下湿地生态系统。③地下土壤及岩石土质化的生物与地球化学智能转换技术。研究深地岩石层在先锋生物膜侵蚀下的成土机理和化学机制，实现深地岩石土质化和微生物活化，使之适合深地农作物的培育和生长(谢和平等，2017a，2017b)。

2.5.2　深部能源开采与存储

1. 深地矿产资源流态化开采

世界范围内，地球浅部矿物资源逐渐枯竭，资源开发不断走向地球深部。从理论上讲，开采具有极限深度。据估算，深度超过 6000m 时，目前所有的矿物开采方式将失效。因此，人类要真正走向深部，实现深地资源开发，必须颠覆现有的开发理论与技术，提出并发展深地固体资源流态化开采的技术构想。

流态化开采是指将深部固体矿产资源原位转化为气态、液态或气固液混态物质，在井下实现无人智能化的采选充、热电气等转化的开采技术体系。实现矿物资源从固体开发向流态开发的根本转变，其关键在于探索一套井下采、选、冶、充、气、电、输的一体化无人作业智能采掘与转化系统。通过无人作业、智能采掘、原位利用、高效传输，将深地固体资源气化、液化、电气化、流态化，极大地提高深地资源的开发效率、运输效率和利用转换效率，颠覆传统固体资源开发的开采模式和运输模式。

深部固体资源流态化开采技术（图 2-13）实现的途径主要有 4 种方式，即将固体资源转化为气态（如煤炭地下气化：氢气、甲烷）、将固体资源转化为液态（如煤炭地下液化、煤炭地下高温生物、化学转化）、将固体资源转化为混态（爆炸煤粉、水煤浆等）、将固体资源原位能量转化（如煤炭深部原位电气化等）。需要相关技术有：深部原位采选充电气热一体化、流态化开采技术；深部原位化学转化流态化开采技术；深部原位生物降解流态化开采技术；深部原位能量诱导物理破碎流态化开采技术（谢和平等，2017c，2017d）。

图 2-13　深地固态资源流态化开采新技术

2. 深地多元清洁能源生成、调蓄和循环

能源自平衡是构建地下生态城市必须要解决的关键问题。深地资源包含许多可再生清洁能源，可通过研究深地增强型地热转换与储存技术、深地高落差地下水库及水力发电技术和深地微生物制氢发电技术，合理开发利用多元清洁能源，构建一整套完善的深地多元清洁能源生成、调蓄和循环系统。具体包括深地增强型地热转换与储存技术、深地高落差地下水库和其他深地能源转换技术。

通过以上能源生成、调蓄和循环技术产生的水、CO_2可以服务于深地生态圈，从而构建整个环保型自循环生态系统，为解决地下能源问题提供更多的方向和可能性。通过对深地能源转换技术的构想与展望，可望形成一整套完善的深地多元清洁能源生成、调蓄和循环系统，有效解决地下生态城市的能源供给问题，对于我国达成向“深地”进发的战略目标具有重大科学意义(谢和平等，2017a)。

3. 深地废料无害化处理、转化利用及永久处置

随着城市的发展和人民生活水平的提高，现代城市面临着垃圾围城、空气质量恶化、地表及地下水体污染等严重环境问题，地下生态城市作为地面城市的延伸，也将面临同样的困难。相对而言，地下生态城市是一个小型生态圈，其自身的循环和净化能力相对于地面城市来说更加脆弱。深地废料无害化处理、转化利用及永久处置技术将在一定程度上确保地下生态城市排放的零生态损害。

地下废料按照其形态可以分为固、液、气三类，对于不同形态的废料须采取不同的处置方法。对于固体废料处理，须构建深地生活垃圾无害化处理系统，且借鉴日本以及欧洲一些国家的做法，执行严格的垃圾分类制度。对于可回收的垃圾，由专业的部门进行回收再利用；对于不可回收垃圾可以用堆肥处理、封闭式高温处理、深地填埋处理等高科技措施。对于液体废料，基于地下污水处理站，所有的液体废料和地下渗水经过污水管道汇集，经过预处理、二级处理以及污泥处理等步骤，使水质达到循环利用的标准，实现新一轮的循环利用。对于气体废料通过CO_2捕捉及高效转换等措施，实现O_2到CO_2再到O_2这一循环过程。同时通过空气收集与净化系统，过滤、净化、平衡地下空间内各组分气体，保持地下空间内空气清新(谢和平等，2017a)。

2.5.3 特殊地下空间开发利用

随着能源革命，“洁净化、绿色化、低碳化”理念的逐渐推进，针

对一些事故风险高、开采成本大、开采效率低下的落后矿井，将采取封井措施。然而，这些矿井在过去数十年的开采中，已然形成大体量的地下空间，一味地选择封井必然会造成巨大的地下空间资源浪费，井下上百亿的固定资产也将骤变为零。反之如果只封采煤工作面，不封井口，在实现停采的同时，盘活地下数量惊人的固定资产及巷道空间资源，继续为人类社会生活服务，尤其当这些矿井位于城市区域时，其利用价值更高，有望破解目前传统式矿井退出所带来的人员安置、环境污染、资源浪费等综合性社会问题(谢和平等，2017b)。

将废弃矿井改造为地下空间进行利用，具有经济效益高、施工难度低的优势。据现有资料统计，国外改造利用废旧矿井已深入到诸多领域，呈现多种多样的用途和形式，例如：井筒式小型智能化地下停车库(图 2-14)、掩埋和处理放射性核废料、人防空间、工业生产车间和地下仓库、抽水蓄能发电与压缩空气蓄能发电(图 2-15)、建设地下水库、观光旅游、地下房地产、地下养老院等。以井筒式停车库为例，竖井少

图 2-14　井筒式小型智能化地下停车库

图 2-15　利用废弃矿井建立压缩空气蓄能发电站(谢和平等，2017b)

则百米，深则近千米，按平均500m深计算，保守估计每个竖井式停车场可容纳1000辆小型汽车，可缓解城市地面停车拥挤的问题。

我国已逐步关停京西五大煤矿，并提出资源型城市利用矿区土地全新开发的理念来破解目前矿区在去产能、进行人员安置与转型升级的挑战，即：矿区地面空间主动规划打造绿水青山和集高新科技产业区、双创科技城等的高端产业经济带；矿区地下空间打造地下新型房地产等新型经济业态等(图2-16)。利用京西煤矿得天独厚的地下空间优势，在竖直方向上，基于主副井筒，构建准真空磁悬浮胶囊式升降系统(理论速度可达20000km/h以上)；在水平方向上，构建轨道交通、悬挂式、胶囊式于一体的多元交通体系，使地下空间与地面空间真正一体化，实现散体空间的资源整合。矿区地面充分利用现有关停矿业基础设施，主动规划打造绿水青山风景区、学院教育培训区、旅游度假区、运动休闲区(美食中心、艺术馆、图书馆、音乐厅)4个区，建成集高新科技产业区、双创科技城、休闲娱乐于一体的多功能示范基地。矿区地下空间打造综合利用示范区，打造地下生态城市业示范区(如窑洞式地下房地产、地下经济适用房、地下图书馆、地下博物馆、地下会议展览中心、地下音乐厅、地下养老院等)以及立体地下空间的交通网络和通信网络系统等，形成地下新型经济带。

图2-16　京西煤矿地下空间开发利用构想(谢和平等，2017b)

2.6 卓越城市地下空间智能化

智能城市是以通信网络为依托，对物理实体建立感知平台，对海量数据快速处理，使城市的各个功能板块协调运行的城市发展新模式。智能地下空间的规划、建设、运营需要庞大的运作系统支持，通过先进的信息技术监管城市地下空间，实现地下空间与地上空间的有效连接。这要求以物联网技术为基础，以云计算技术为核心，以面向服务的体系结构技术为重点，将不同功能单元通过定义好的接口和契约联系起来，达到同一系统以及多个不同子系统更高层次的集成管理目的(图 2-17)。它的具体做法是把智能感应器嵌入到电网、道路、建筑、管道等各种物体中，从而实现全面物联、需求导向、充分整合、激励创新与协同运作(葛一鸣，2016)。

图 2-17 智慧城市示意图

来源：https://www.smartcitiesworld.net/news/news/cisco-and-siemens-named-top-smart-city-vendors-2273

2.6.1　地下空间智能化建设

随着信息环境和数据基础的变化，人工智能在大数据、语言图像识别和深度学习等方面取得了突破性进展，并在实际生产生活中得到了应用，革新了人们的生产生活方式，在全球掀起了新一轮人工智能热潮。2017 年，国务院发布《新一代人工智能发展规划》，提出以人工智能“推进城市规划、建设、管理、运营全生命周期智能化”的要求，标志着以深度学习和机器学习为代表的人工智能正式进入我国城乡规划领域，包括城市地下空间。新技术创造了无限可能，也催生城市地下空间规划走向理性和智能。在大数据+云平台的时代，人工智能正成为城市地下空间建设的新型工具和亲密伙伴，能提升建造师认识与改造世界的能力，更好地适应复杂时空需求，不断实践和充实规划内涵。人工智能+城市地下空间建设，既是现实发展的需求，也是面向未来的进步。

建筑信息模型(building information modeling，BIM)是在计算机辅助设计(CAD)等技术基础上发展起来的多维模型信息集成技术，是对建筑工程物理特征和功能特性信息的数字化承载和可视化表达(张建设等，2018)。BIM 技术作为建筑行业的新兴技术，对建筑工程中的信息管理、成本控制、专业协作产生了重要的影响。建筑信息模型(BIM)作为建筑领域的新兴技术，可广泛应用并影响着城市地下空间的发展。

BIM 技术在美国建筑行业的普及率已经超过 60%，并已在建筑全生命周期中所涉及的建设、设计、施工和咨询服务等相关单位或企业得到大规模的应用，极大地促进了美国建筑行业特别是地下工程生产力的提高。为了实现规范化管理，美国国家建筑科学研究院从本国的国情出发，推出了相应的 BIM 标准，并不断在进行优化和完善。同时，为了促进行业内部的交流，美国还创办了许多 BIM 技术研究协会，进一步推动了 BIM 技术的研究和应用(李智杰，2015)。

除了美国，BIM 技术目前也已经在欧洲和亚洲的各个发达国家得到了充分关注和大规模应用。BIM 技术应用的普及率已然成为一个国家建筑业信息化发展水平的重要标志之一，因此对建筑设计人员也提出了更高的要求。BIM 技术较高程度地实现了设计流程优化、设计方案交互和设计资源整合，在施工阶段 BIM 的主要贡献则仅体现在脱离真实环境的虚拟建造上。

通过近十余年的发展，BIM 技术已为土木行业积累了可观的数据量。通过对这些数据的分析与利用，BIM 可为地下空间的设计、施工、运维等各环节参与者的决策提供支持。然而，传统的数据分析过程大多由人工完成，效率较低、主观性较强，积累数据无法被深度应用。目前，人工智能技术的跨学科应用日趋广泛，将 AI 技术与 BIM 技术结合，可提高数据分析的效率，甚至可在纷繁复杂无序的数据中找出共性的、潜在的知识和规律，为各方人员提供更为准确的决策建议，解决 BIM 中数据深度应用困难的问题。同时，BIM 作为数据集成与共享的平台，可为 AI 提供可靠的数据支持与结果可视化手段，BIM 与 AI 技术具有良好的可结合性(冷烁和胡振中，2018)。

星海生活广场是苏州市第一个地下城，也是第一个采用 BIM 技术进行机电三维设计的地下空间项目(图 2-18)。整个地下空间一共三层，地下一层市是地下公共活动空间和地下商业空间，其他两层为地下停车场，地下空间整体呈“T”字形，东西长为 572m，南北长为 919m。在该地下空间建设的过程中，结合 BIM 技术进行 1∶1 实体仿真建模，模拟施工和管路布置，然后进行碰撞检测，最终确定最佳施工和管路布置方案(范绍芝和蒋一峰，2011)。除了施工过程之外，BIM 技术也体现在前期的规划以及后期的维护方面，规划时结合周围环境，布置建筑的功能，共享周边资源，维护时校核管路的压力和流量，既能提高工作效率又能节约时间。

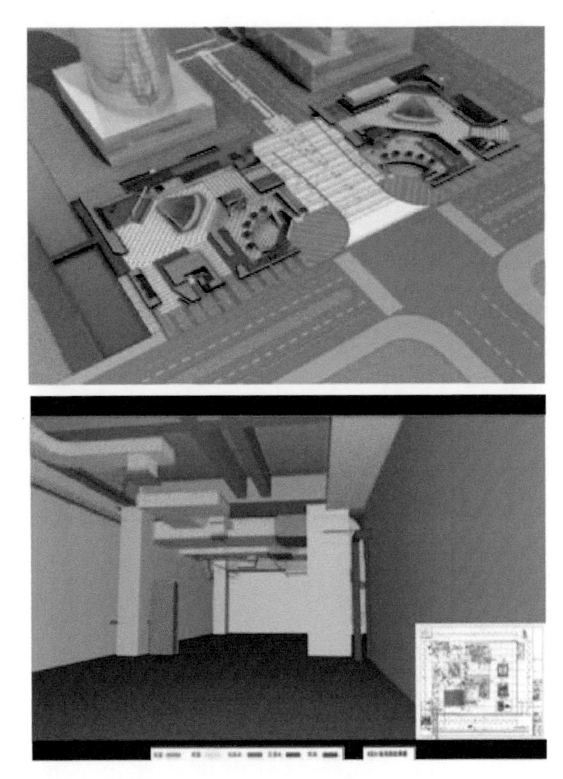

图 2-18　星海生活广场建设 BIM 图(范绍芝和蒋一峰，2011)

2.6.2　地下空间智能化运营

智能地下空间的“规划、建设、运营”是一个系统工程，仅仅做好其中的一方面不足以实现地下空间真正的智能化。一个高效可行的智能地下空间规划规划模式是智能城市建设的基础，是支持智能地下空间建设的根本动力。一个规范的建设模式是实现各种智能化规划构想的重要过程，是智能地下空间能否实现的具体实践；一个合理的运营模式是智能地下空间能够真正有生机活力的关键，是发挥智能地下空间各种智能属性的根本条件(冯帅，2015)。因此，规划、建设过程仅仅是智能地下空间出现的先决条件，而运营过程才是智能地下空间持续存在的根本。

智能管线项目是城市重要基础设施的组成部分，也是智能城市建设的重中之重。智能城市需将先进的城市建设理念、高新技术和海量数据平台应用于地下管网建设工作中，对其进行智能化提升，从而提高管网体系的日常管理、科学决策、安全监测与应急预警。

构建城市智能地下管网系统，首先要对地下管网进行普查。输入街区的名称，该街道地下各类管线的口径、材质等信息将以 3D 图像的方式展现出来，集地下管线信息的数据采集、数据建库、动态更新、业务审批、管理监督为一体，建立具有空间决策支持和专家系统综合分析能力的城市综合地下管线信息系统。这种智能管网体系，可降低劳动强度和管理成本，提高经济效益、社会效益与环境效益。在管网中安装传感器，实时监测管线中流动物质的流量、水质、水压等数据。若超出设置的浮动范围，系统自动报告相关部口，帮助公共部门快速处理应急事件，排除人工监测作业存在的安全隐患。

大连三面环海，智慧城市建设与城市地面、海岸和地下管网等的安全息息相关。东港商务区规划以“人在干、数在转、云在算”为核心理念，运用物联网大数据技术打造地上地下一体化智能监测平台(图 2-19)。已建成的规划项目 20 余项，其中包括岸坝、水质、地质、地下管廊等海陆空全方位实时监测系统(葛一鸣，2016)。

图 2-19　地下管廊智能机器人巡检技术

来源：http://www.afzhan.com/st186450/Article_270248.html

2.7　卓越城市地下空间人性化

卓越的地下空间利用必然要实现人与地下空间的和谐共融，保障人员健康、舒适、便利地生活和工作。所以，在城市地下空间的规划设计建设和运营管理中，应该重视“以人为本”的人性化理念，注重人的生理健康和心理感受。考虑到地下空间存在空间幽闭、通风采光条件差、潮湿易腐等天然缺陷，必须超前从人类长期工作的身体健康、视觉体验、社会心理等方面出发，运用创新科技结合人文艺术理念，设计和运营地下空间，营造出舒适宜人、充满空间活力的城市地下空间。

2.7.1　地下空间人性化设施建设

城市地下空间建设首先必须保障人员在地下空间活动的健康和安全。地下空间的安全防灾设计、空间标识设计、无障碍设计、空间舒适性及交互性设计得到了越来越多设计者的重视，通过对基础设施的人性化设计，保障地下空间的安全性、可达性、舒适性及交互性已经成为地下空间设计的必要条件。

加拿大蒙特利尔地下城也在其建设中体现了人性化理念。建造多处采光井、中庭等向地下空间引入自然光，降低空间的幽闭性；通过设置多处通风口和排烟口，降低地下通风条件差、潮湿封闭的影响，保持地下空气清新、以及温度和湿度适宜；考虑地上地下空间的交互性，修建与地上高楼相连接的下沉式广场，通过城市地上空间与地下空间的广泛连接、相互渗透的设计，消除了现代城市中巨大建筑体量和地下封闭空间给市民带来的压抑感。

香港地铁在建设中充分体现了人性化设计理念，为方便伤残人士及携带大件行李的旅客出行，香港地铁车站都设置有无障碍电梯、盲人引导径、闹闸机及升降机等相关服务性人性化设施。为提高地铁车站封闭空间的方向感，香港地铁通过具有高辨识度、高国际性的地铁标志系统，使行人在封闭的地铁车站内方便快捷地完成进站、出站、换乘等交通出行，提高地铁车站的空间使用效率。作为地铁产业和物业结合开发的先行者，香港地铁众多车站和其上的商场、居民区构成了一个综合体。以香港地铁蓝田站和汇景花园为例（图 2-20），作为交通运输枢纽，香港地铁蓝田站通过在汇景花园二层设置出入口实现与底层地面交通近 10 条巴士线路有效衔接换乘，住户出地铁站后，经天桥楼梯可抵达不同线路的巴士站，汇景花园住户也可通过地铁站抵达车站上方的商场和花园，增加了地上、地下的空间流通性。

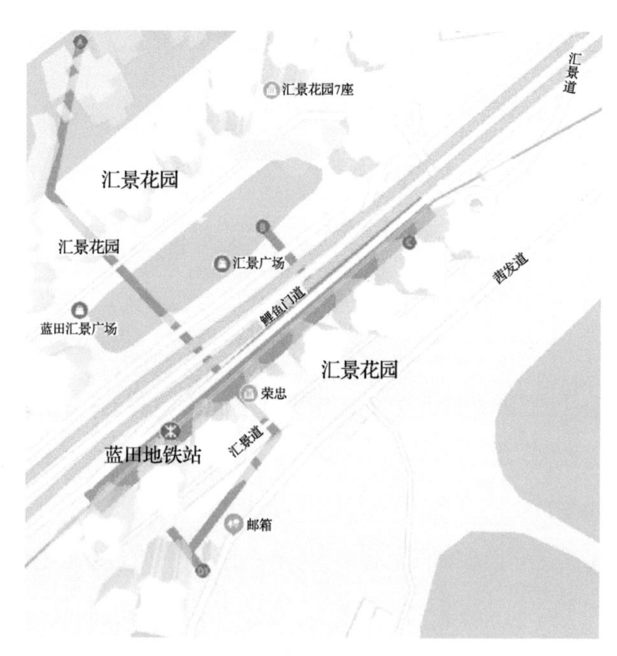

图 2-20　香港地铁蓝田站
来源：百度地图

2.7.2　地下空间人性化环境设计

地下空间建筑赋存于岩土地层中，形成不同于地上建筑的封闭空间。人处在地下空间独特的封闭环境中会得到不同于地上空间的心理反馈，产生一系列心理问题（束昱和彭芳乐，1990）。考虑地下空间特殊的光环境、声环境以及空气环境对人行为心理健康的影响，构建符合人体行为心理健康的地下空间设施和景观已经成为共识。人作为长时间在地表进行生产、生活活动的生物，自然光是人的视觉系统感觉最舒适的光环境(刘启春，2013)，营造有利于人员行为心理健康的地下空间光影环境得到越来越多的重视。由于岩土层对声音的阻隔作用，一方面使在相对独立的地下空间中局部形成过于安静的环境易引起人员心理不适；另一方面，大型地下空间中必备的给排水设备、送排风设备运行过程中产生的大量噪声污染。故应在地下空间内部营造类似于地上日常的声环境。地下空间空气中较高的二氧化碳浓度和湿度形成沉闷的环境，影响人员心理、情绪以及工作效率，布置合理的通风设备，完善地下空气质量监测体系，已经成为地下空间开发的共识。地下空间以更好的服务大众为目的，在地下空间设计中不仅应满足日常功能所需，且需重视人的心理感受，为人们营造舒适、便利的地下空间环境。

以位于日本大阪市中心区的大阪长堀地下街为例，其在空间规划、装修风格和景观设计等方面，充分了考虑人的视觉体验和心理舒适性。长堀地下街总建筑面积超过 8 万 m^2，地下分为四层。该地下街串联起五个地铁车站，通过连接这些车站，与周边地下通道、地下车库和其他地下商业街形成一个综合的地下空间，每天大量人流在这里集散。长堀地下街全长共 860m，地下四层中第一层为商业步行街，约有 100 家商铺，主要经营餐饮、娱乐休闲等。地下二、三层为停车场，地下四层为轨道交通换乘系统，最深处达地下 50m。如图 2-21 所示，大阪长堀地下街设计者在狭小的地下街为人们营造了一个明亮、温馨、充满活力的人性化空间。这条地下街一层商业区修建了瀑布广场、月亮广场等 8 个大大小小主题各异的广场，可以帮助人们在地下方便地识别自己所在方位。其顶部大量的波浪形天窗设计让阳光透入时创造出水晶闪耀的视觉效果，所以长堀地下街也被称为“水晶地下街”。将大量自然光引进地下街，使人在地下空间漫步时也有地面的自然和时间感受。同时，地下街多样化的艺术造型，也让漫步其中的人们在地下街活动时能移步换景，饶有趣味，享受到营造休闲放松的氛围。

图 2-21　大阪长堀地下街

来源：https://www.gltjp.com/zh-hans/article/item/10875/

同时，人性化地下空间不仅体现在地下建筑设施和景观等硬件设施的设计上，还需要注重对地下空间的人性化管理，从空间环境和社会心理相互影响方面营造适宜人们工作和生活的舒适空间，以提升整体品位，激发人的创造性和生产力。现代城市地下空间管理是一项内容很丰富的系统工程，需要将管理和服务两个方面工作有机结合。“以人为本”理念是实现人性化管理的基础，基于此，地下空间的管理方式应充分尊重人的权利、注重人的心身健康行为习性和感受，将人对地下环境的认知和体验规律考虑到地下空间的日常管理和服务中。

参 考 文 献

范绍芝, 蒋一峰. 2011. BIM 技术在苏州星海生活广场工程中的应用[J]. 建筑施工, 33(1): 75-77.

冯帅. 2015. 智慧城市运营模式创新研究[D]. 天津: 天津大学.

葛一鸣. 2016. 智慧城市视角下的城市地下空间管理研究[D]. 大连:东北财经大学.

雷升祥, 申艳军, 肖清华, 等. 2019. 城市地下空间开发利用现状及未来发展理念[J]. 地下空间与工程学报, 15(4): 965-979.

冷烁, 胡振中. 2018. 基于 BIM 的人工智能方法综述[J].图学学报, 39(5): 797-805.

李智杰. 2015. 基于BIM的智能化辅助设计平台技术研究[D]. 西安: 西安建筑科技大学.

刘启春. 2013. 地下商业建筑公共空间光环境设计研究[D]. 昆明: 昆明理工大学.

马正婧, 张中俭. 2018. 香港城市地下空间开发利用现状研究[J]. 现代城市研究, (12): 62-68.

勉成. 1996. 巴黎大卢浮宫[J]. 世界建筑, (1): 62-65.

苗苗. 2015. 英国将地下防空洞变为农场[J]. 科学大观园, (23): 9.

束昱, 彭芳乐. 1990. 地下空间环境对人的心理影响及设计对策[J]. 地下空间, (4): 289-296.

苏理昌. 2015. 分层网格城市理论与规划模式研究[C]. 2015中国城市规划年会, 贵阳.

宿晨鹏. 2008. 城市地下空间集约化设计策略研究[D]. 哈尔滨: 哈尔滨工业大学.

吴焕加. 1997. 纽约洛克菲勒中心[J]. 建筑工人, (9): 55.

辛斌. 2019. 新加坡探索建立庞大的地下城, 开发地下成了势在必行的举措. 环球时报评论. (https://baijiahao. baidu.com/s?id=1629280559168914165&wfr=spider&for=pc).

谢和平. 2019. 地下空间利用与深地生态圈[J]. 城乡建设, (7): 20-25.

谢和平, 高明忠, 张茹, 等. 2017a. 地下生态城市与深地生态圈战略构想及其关键技术展望[J]. 岩石力学与工程学报, 36(6): 1301-1313.

谢和平, 高明忠, 高峰, 等. 2017b. 关停矿井转型升级战略构想与关键技术[J]. 煤炭学报, 42(6): 1355-1365.

谢和平, 高峰, 鞠杨, 等. 2017c. 深地科学领域的若干颠覆性技术构想和研究方向[J]. 工程科学与技术, 49(1): 1-8.

谢和平, 高峰, 鞠杨, 等. 2017d. 深地煤炭资源流态化开采理论与技术构想[J]. 煤炭学报, 42(3): 547-556.

谢和平, 刘吉峰, 高明忠, 等. 2018. 深地医学研究进展及构想[J]. 四川大学学报(医学版), 49(2): 163-168.

杨悦, 梁勤欧, 林德根. 2020. 基于GIS的城市三维管网爆管分析优化及系统实现[J]. 浙江师范大学学报(自然科学版), 43(1): 85-92.

张建设, 石世英, 吴层层. 2018. 信息论视角下工程项目的信息表达空间及损失[J]. 土木工程与管理学报, 35(6): 101-106.

Rayspace. 2019. 龙湖光年/重庆沙坪坝TOD中国重庆[J]. 世界建筑导报, 33(3): 123-125.

Surhone L M, Tennoe M T, Henssonow S F. 2013. Underground City. Beau Bassin-Rose Hill[M]. Mauritius: Betascript Publishing, 108.

Zacharias J. 2007. Pedestrian dynamics, s layout and economic effects in Montreal underground city[J]. Urban Planning International, 22(6): 21-27.

第 3 章　深圳地下空间开发利用现状

深圳是我国最早的经济特区，经过 40 多年的发展，在产业经济、科技创新、城市建设和人居环境等方面都取得了巨大的成就，成为全国经济中心城市，是世界观察中国的窗口。2019 年 2 月，中共中央、国务院在印发的《粤港澳大湾区发展规划纲要》中明确深圳是粤港澳大湾区的中心城市之一和区域发展的核心引擎，努力建成具有世界影响力的创新创意之都。2019 年 8 月，中共中央、国务院发布《关于支持深圳建设中国特色社会主义先行示范区的意见》更是对深圳赋予重任，未来深圳将建设成为我国建设社会主义现代化强国的城市范例，成为竞争力、创新力、影响力卓著的全球标杆城市。

21 世纪是地下空间的世纪，世界“卓越城市”都在规划开发利用地下空间。《深圳市城市总体规划(2010—2020)》中已经提出，深圳市将严格控制建设用地，土地资源的严重不足制约了深圳的进一步发展，充分合理开发利用地下空间建设城市，并科学制定进行地下空间利用及顶层设计，是深圳发展的必由之路。作为我国探索建设中国特色社会主义先行示范区的城市，深圳市对地下空间的开发利用模式将为全国城市地下空间的未来发展做出示范。

3.1　深圳地下空间利用现状

随着深圳城市建设的迅速发展，人口急剧增长，城市发展出现一系列问题，主要包括：建设用地不足、城市交通拥堵、城市管线事故频发及架空线网密集、城市内涝等。这些问题给深圳市居民的生活、居住、出行等日常活动带来了诸多不便，同时也成为制约深圳进一步建成现代化国际化城市的发展瓶颈(刘芳等，2015)。在土地规模方面，深圳市总体规划 2020 年建设用地规模不突破 976km^2，2008 年底建设用地已达 917km^2，2013 年建设用地已经达到 957km^2，深圳市土地资源紧缺，建设用地规模已经达到极限(朱安邦和刘应明，2018)。在人口增长方面，深圳市 2018 年统计常住人口约 1252 万人，随着人口的增长，预计 2038 年深圳市常住人口将达到 2050 万，届时土地供应将会严重不足。深圳面临着人口不断增长和土地“难以为继”的严峻形势，因此，城市地下空间的开发和利用成为深圳未来城市发展的重要趋势，而市政设施、交通设施的地下化是城市地下空间开发的核心。

经过近十几年的快速发展，深圳目前已发展成为全国地下空间开发利用总体水平最高的城市之一，深圳市在地下轨道交通系统、城市地下道路、地下综合管廊、地下商业中心建设等各方面都取得了快速发展。

3.1.1　地下轨道交通

轨道交通是现代大中型城市中市民公共出行的一种重要方式，深圳市轨道交通系统建设始于 1991 年，并于 2004 年开通运营第一条线路，至 2019 年，深圳全市已完成轨道交通一、二、三期工程，开通运营轨道线路 8 条(图 3-1)，总里程 303.4km，其中地下线接近 250 公里，其余为地面线和高架线。地铁已经融入深圳市民的日常生活中，有效缓解了日益繁重的交通压力。通过地铁车站及周边地下连接通道沟通起地上、地下空间，形成了大量以地铁车站为节点的人流聚散中心。近期开工的轨道四期工程主要有 12、13、14、16、6 号线支线等，预计 2022 年通车。同时，按规划到 2035 年，深圳市将建设城市轨道共 32 条，总长 1265km，其中市域快线 8 条，总长 425.9km，普速线路 24 条，总长 839.1km。深圳轨道交通系统在承载市区内公共交通出行量之外，还将有 10 条线路与东莞衔接，有 3 条线路与惠州衔接，形成城际线、市域快线、普速线路三层次发达的轨道线网体系。

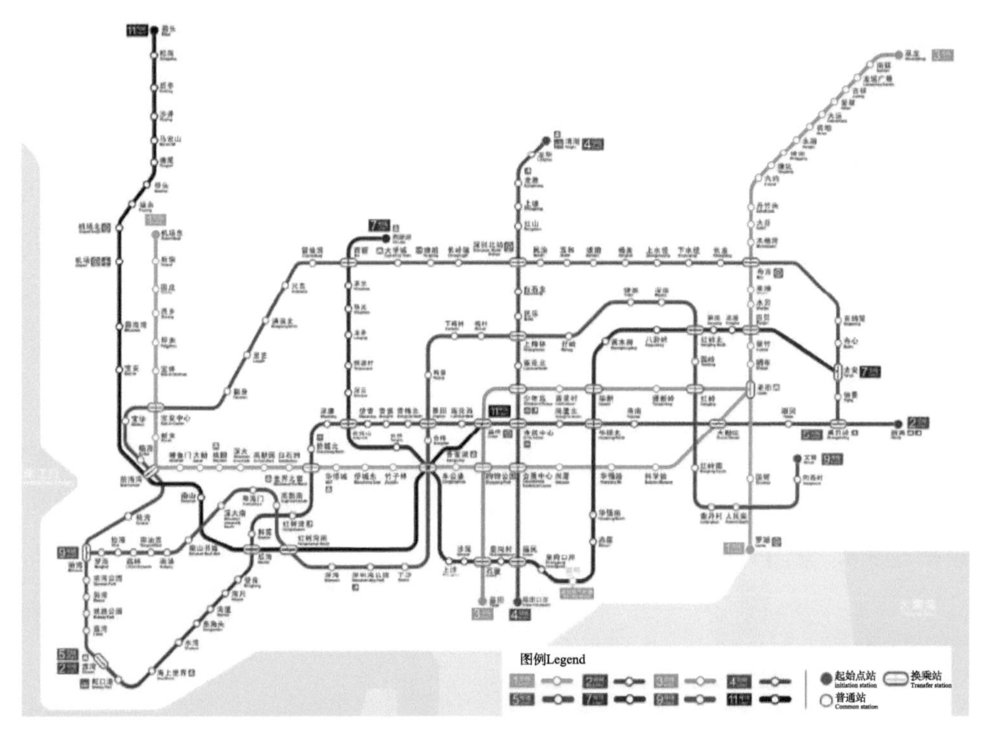

图 3-1　深圳市轨道交通线路网现状

来源：http://www.szmc.net/page/html5.html

3.1.2　城市地下道路

深圳交通建设目前已经取得了较大成就，城市道路网络细密发达。但由于深圳地域东西长、南北短，且北边山岭较多，导致交通压力大，而南北向交通瓶颈点影响着全市交通运行。城市地下道路可以有效缓解交通拥堵问题，是改善深圳城市交通与环境的重要手段，目前深圳已开通或即将建成的地下道路主要有：港深西部通道包括约 3.09km 的地下快速路，于 2007 年开通；连接深圳坪山区与盐田区的坪山-盐田快速通道，包含全长约 7.9km 的马峦山隧道工程，目前已全线贯通；计划 2020 年初建成通车的前海地下道路，包括桂湾一路及临海大道地下道路、滨海大道地下道路、桂境片区地下车行联络道和前湾地下车行联络道 4 部分，前海 4 条地下道路总长度约 7.6km。根据《深圳市高快速路网优化及地下快速路布局规划》，深圳未来将建成“十横十三纵”的高快速路网，其中核心区新增设“一横三纵”地下道路(图 3-2)，即沿城市核心发展主轴上新建东滨路隧道跨海连接沿一线、广深复合通道、皇岗路复合通道及东部过境复合通道，目前皇岗路快速化改造已经完成规划方案，准备进入实质设计阶段；南部东西方向规划的沿一线地下快速交通隧道，已经进入方案设计阶段。宝安中心区规划地下车行道路，长约 3.5km，实现中心区对外交通有效衔接；规划地下车库联络道长约 5km，弥补支路网密度低问题，缓解地面交通压力，实现机动车快速通行和车位共享。2035 年深圳城市地下道路规划目前也正在编制，预计将建成完善的地下道路系统来缓解交通压力。

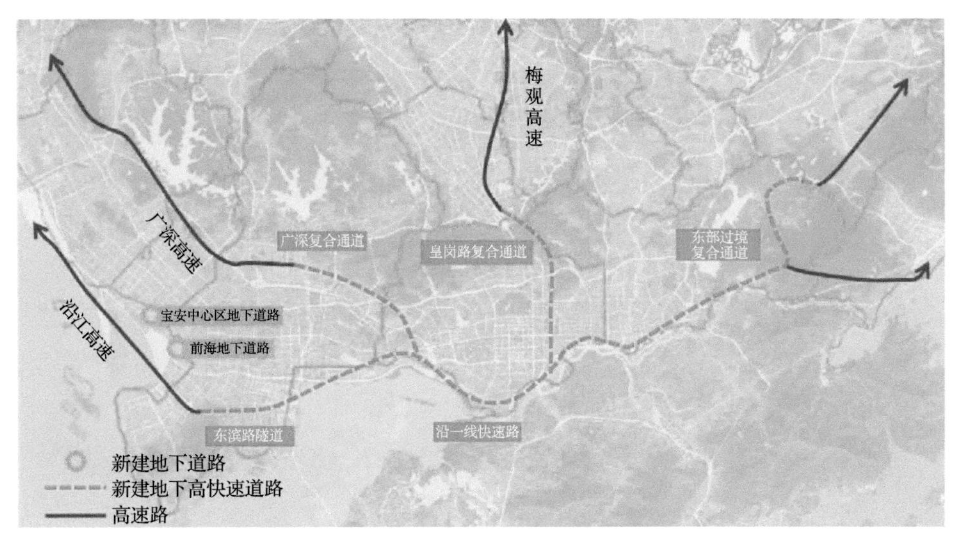

图 3-2　深圳规划新建的“一横三纵”地下道路示意图

3.1.3　地下综合管廊

综合管廊具有能够集约利用地下空间、提高城市基础设施运行效率、缓解交通压力、改善城市环境和景观、以及提升城市品位和竞争力等一系列优势，可以有效解决市政扩容引起的管线新建和改造量大的难题。深圳是国内较早建设地下综合管廊的城市，早在 2005 年深圳就建成了第一条全长 2.67km 的地下综合管廊——大梅沙-盐田坳综合管廊；随后，光明区和前海合作区也相继铺设了综合管廊(朱安邦和刘应明，2018)。近年来，为避免城市轨道交通与市政地下综合管廊分别建设造成地下空间建设混乱，道路反复开挖，浪费建设成本，将两者结合同步规划建设已成为一个重要发展方向。深圳目前已经设计完成 12、13、14、16 号线共建综合管廊，总长超过 85km，主要根据深圳市轨道交通四期 12、13、14、16 号线走向(图 3-3)，结合市政管线扩容需要确定。深圳市综合管廊建设经过十余年的发展，已成为国内超大型城市综合管廊的建设样本。根据《深圳市地下综合管廊工程规划(2016-2030)》，各区近期(至 2020 年)及远期(至 2030 年)综合管廊建设规划如表 3-1 所示，可以看到管廊规划多聚焦在城市建设的重点区域，至 2020 年，深圳市将规划建设 73 条综合管廊，力争建成管廊 100km，开工建设总长近 300km(含已建成)，至2030年，全市将规划建设136条综合管廊，总里程达到约520km。

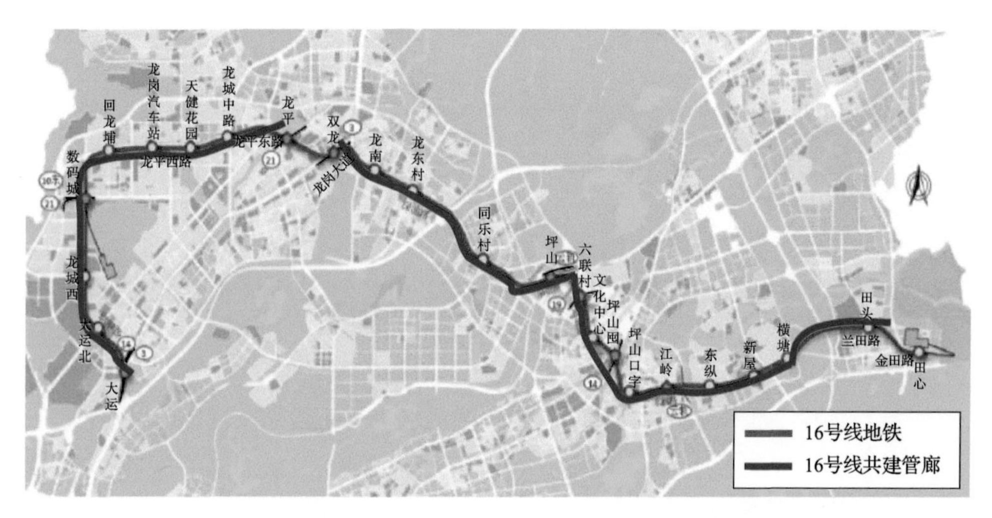

图 3-3　拟建的 16 号线共建综合管廊线路示意图

表 3-1　深圳市各区近期(至 2020 年)及远期(至 2030 年)综合管廊建设规划(含已建成)

区或新区	近期建设线路/条	近期建设里程/km	远期规划线路/条	远期规划里程/km
前海合作区	2	5.7	5	10.46
南山区	11	35.7	14	45.4
福田区	2	8.5	9	28.1

续表

区或新区	近期建设线路/条	近期建设里程/km	远期规划线路/条	远期规划里程/km
罗湖区	5	12.1	7	21.7
盐田区	4	7.3	6	9
宝安区	12	58.6	25	108.4
龙岗区	18	79.3	38	154.9
坪山区	8	30.8	8	30.8
龙华区	4	39.4	12	64.3
光明区	5	12.2	9	38.4
大鹏新区	2	6.6	3	8.38

3.1.4　地下商业中心

合理利用地下空间开发地下商业，正伴随城市立体化建设而迅速发展，并随着市场化整合逐渐成为趋势。而依托轨道交通建设同步发展地下商业中心，产生经济效益可以反哺地铁建设和运营，实现轨道交通的可持续发展。深圳依托地铁交通网络的建设，对站点地下空间进行同步规划、同步设计、同步建设和同步经营，建成了诸多以地铁站点为依托的商圈和生活圈。目前，深圳市各区商业中心均有地下商业空间，在福田中心、华强北商业区、罗湖商业中心区域已经初步建成一定规模的地下商业中心。深圳目前已建成的地下商业主要分布在地铁沿线枢纽站点周边范围内，主要呈以下形式：以华强北和东门等核心商圈为中心的地下步行街；连城新天地、丰盛町等典型的写字楼集群下的地下步行街；以世界之窗、大剧院等地铁换乘站点为纽带的小型地下通道步行街，连城新天地地下商业街如图 3-4 所示。深圳市已经确定福田中心区、华强北商业区、罗湖商业中心区、宝安中心区、前海枢纽地区、龙华客运枢纽区、光明新城、南山商业文化中心 8 个区域为未来地下空间重点开发地区。

图 3-4　连城新天地地下商业街

3.1.5　其他地下设施

近年来深圳市小汽车保有量迅猛增长，停车矛盾日益突出，停车设施是城市发展中重要的基础设施，而地下停车场是现代城市主要的停车设施。停车场分为配建式停车场和公共停车场，根据《深圳市停车设施建设专项规划(2018-2020 年)》，截至 2017 年 4 月，深圳市有配建式停车场泊位 189.3 万个，公共式停车场泊位 2.3 万个(图 3-5)，共计 191.6 万个，其中地下停车场泊位数量约占 70%～80%。

由于土地资源紧张及环保压力较大，城区部分市政设施选址落地问题日益凸显，深圳已开始试点进行部分市政场站的地下化建设，包括地下污水处理厂、地下变电站及地下垃圾填埋场等(图 3-6)。其中，2011 年建成的龙岗区布吉污水处理厂是国内第一座大规模地下式污水处理厂，污水处理规模 20 万 m^3/日，占地面积近 6 公顷，地面作为绿地休闲公园，污水处理厂、配套污水管网等全部隐藏于地下，最深处距地面达到 18m，布吉污水处理厂的建成投用大大改善了城市水环境，对治理污染、保护深圳的流域水质和生态平衡具有十分重要的推进作用。

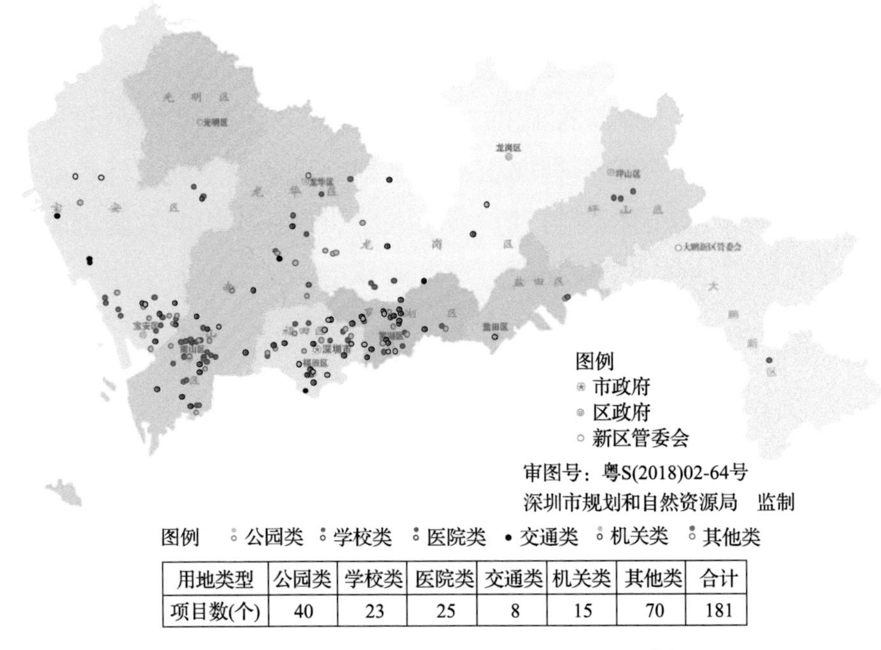

用地类型	公园类	学校类	医院类	交通类	机关类	其他类	合计
项目数(个)	40	23	25	8	15	70	181

图 3-5　深圳公共停车场项目分布示意图

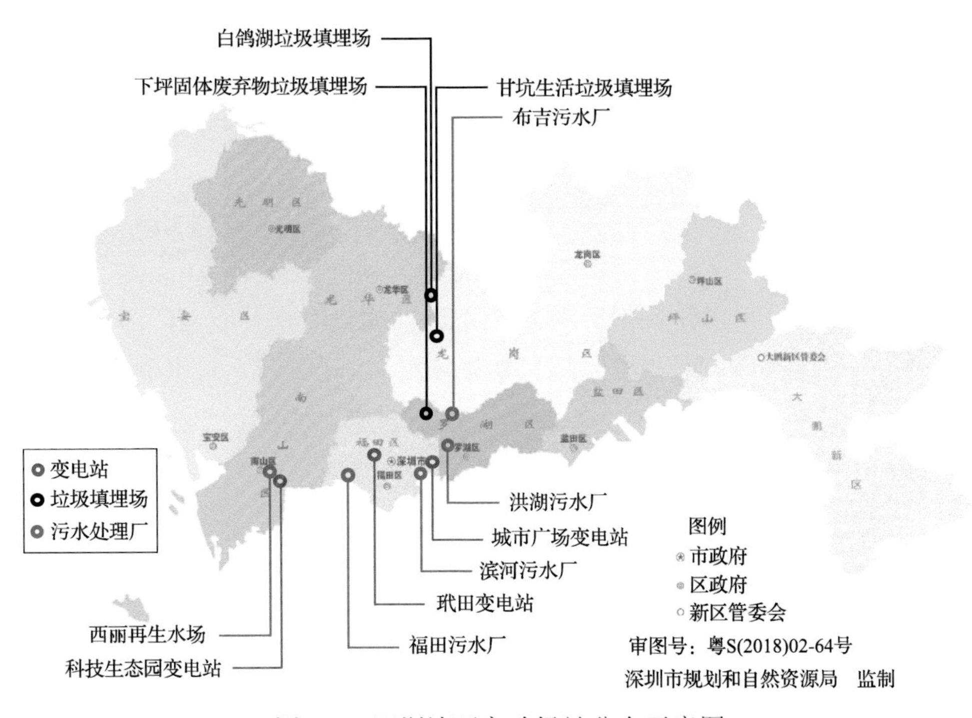

图 3-6　深圳地下市政场站分布示意图

城市人防工程是和平时期做好战备工作的重要组成部分。深圳市于1995年被国家确定为人民防空重点城市，人防工程的建设规模参照规范，按照不低于地上建筑面积的5%～10%修建，对于建筑面积大于800m^{2}的开发项目，防空工程面积不低于该项目地下空间总建筑面积的50%。遵循平战结合的指导方针，城市人防工程在不影响其防空袭能力的前提下，常常结合地下停车场、地下商业街等地下空间类型共同开发(图3-7)，服务城市建设和经济社会发展。

图3-7　人防停车场

为了解决城市洪涝问题，一方面需建设能自然积存、自然渗透和自然净化的海绵城市，另一方面应大力发展建立地上、地下雨水调蓄设施、大型雨水调蓄隧道和水库等。深层排水隧道系统(简称“排水深隧”)在旱季和小雨时作为部分污水输送通道，在中等雨量时发挥调蓄治污功能，在大暴雨时发挥防洪排涝功能(王广华等，2016)。深圳目前正在进行设计工作的排水深隧有前海-南山排水深隧工程和布吉河排水深隧工程，市域范围内尚未有相关完整规划。

另外，深圳市第三人民医院首次尝试了地下空间应用于医疗服务，作为一所以传染病为特色的现代化综合医院，第三人民医院整体规划上分区明确，各区相互独立，设计地下连接通道作为不同科室的入口，可以有效阻断疫情病菌的传播。

3.2　深圳地下空间开发利用经验

3.2.1　深圳地下空间开发利用经典工程

经过近几十年的快速发展，深圳地下空间已经取得了较大成就。深圳当前已经基本具备了各类地下工程建设的技术与能力，地下交通系统(包括地下轨道交通系统和地下快速道路)、地下交通综合体、地下商业街以及综合管廊等相关地下空间开发项目在深圳均有成功的经典工程案例。

1. 福田站地上地下一体化综合交通枢纽

福田站综合交通枢纽于 2008 年开工建设，2015 年竣工，位于深圳市福田中心区，是地上地下协同发展的交通枢纽型综合体，综合高铁、城际铁路、地铁、公交和出租车等多种交通方式为一体(图 3-8)。福田站交通枢纽工程深度为 30m，总建筑面积达 14.7 万 m^2，是目前亚洲规

图 3-8　福田站综合交通枢纽

来源：http://sz.huodongwang.com/article-1754-1.html?tdsourcetag=s_pctim_aiomsg

模最大的地下综合交通枢纽(雷升祥等，2019)。福田站综合交通枢纽包含地下3层、地上4层。地下负三层为高铁站台层；负二层主要为地铁站台、地下停车和候车区，可供公交车和社会车量停泊；负一层是公交与地铁换乘区，实现公交与地铁、高铁无缝换乘对接；地上一层与二层设计了服务区、候车区、公交上客区、城际巴士及长途发车区，并规划多条公交线路、长途班线；地上三、四层主要为公用停车区，可为私家车主提供停车换乘。

福田站综合交通枢纽工程主体为地下三层结构，处于上软下硬复合地层，近接十多栋超高层楼宇(近接最近建筑物距离仅12m)，基坑全长1023m，最宽处78.86m，平均深度32.0m，属于大跨度、超长、超深基坑工程，该工程的建设攻克了超高层建筑群近接保护技术、上软下硬复合地层深基坑施工技术等工程难题。福田站综合交通枢纽通过科学的空间设计，在深圳城市中心建立起地上地下功能高效协同的现代化综合交通系统，释放了地面交通压力，实现了对空间的高度集约化利用。福田站建设了多个智能化管理系统，包括乘车引导、电子信息查询、安全防范、安检控制等功能系统，对交通、人流、安全等方面实施智能化运营管理。同时，福田站综合交通枢纽也充分体现了绿色生态和人性化设计理念，建设中采用了节能、环保的新技术和新材料，并设置了地下采光庭院，通过采光天窗与将大量阳光引入地下，带给人们开放自然的空间体验，成为地下“城市客厅”(中国铁道建筑有限公司，2019)。投用后的福田站综合交通枢纽不仅成为深圳市轨道交通核心枢纽，也是深圳香港两地一体化发展的重要交通基础设施。

2. 深圳地铁11号线

深圳地铁11号线于2016年6月开通运营，是深圳目前线路最长、投资规模最大的轨道交通线路，也是深圳首条设计最高运行时速达到120km/h城市轨道交通快线。地铁11号线起于福田中心交通枢纽，线路大致呈“L形”走向，贯穿福田、南山和宝安三个行政区，在机场站与新航站楼无缝连接，止于终点站碧头站(图 3-9)。11 号线线路全长约 51.9km，其中地下线长 39.8km，高架线长 10.8km，过渡段长 1.3km，全线共设车站 18 座，其中地下车站 14 座，高架车站 4 座。11 号线全长范围内地下线隧道埋深变化较大。以前海湾站-宝安站区间为例，隧道拱顶埋深为 10.9～30m。深圳地铁 11 号线串联起了福田、深圳湾、后海、南山、前海、宝安中心区、大空港地区等多个重点产业集聚区，成为支撑深圳城市中心区与西部片区的快速客运通道，也是加速特区发展一体化的轨道交通骨干线路(王仕春，2012)。

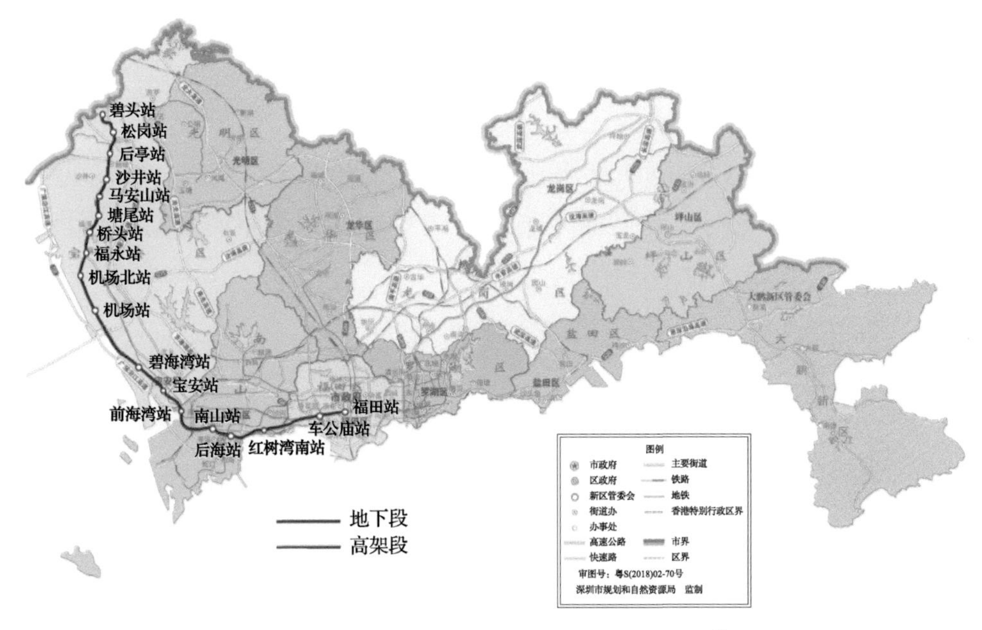

图 3-9　深圳地铁 11 号线线路示意图①

深圳地铁 11 号线具有线路区间长、跨海运行、列车速度快、车站规模大、途经填海区地质水文条件复杂等特点，特别是隧道内列车高速运行引发的动力学问题，给 11 号线的建设带来极大挑战。该工程在区间隧道断面尺寸、车站主体结构、设备选型与安装以及列车运营管理等方面开展了大量研究，许多新技术与新工艺应用到该工程中，保障了深

① 深圳地铁集团有限公司，中铁南方投资集团有限公司。2018。城市轨道交通快线关键技术创新与应用—深圳地铁 11 号线工程。

圳地铁 11 号线的顺利竣工和安全运营。11 号线建设过程中，突破了 6.98m 大直径盾构设备研制和大盾构断面施工关键技术；首次引入 CP Ⅲ高精测量控制网技术、刚性接触网弹性支持结构，首次采用浮置板道床等降压减振技术，满足了速度与舒适的双重要求；推广应用了 BIM 技术，建立各车站土建结构、机电设备和综合管线三维模型，实现了设计优化和施工模拟，极大提高了施工效率和工程质量。同时，11 号线将绿色环保和人性化理念贯穿到全线区间及车站的设计、施工、运营全生命周期中，在建设中大量应用了节材、节地、节能、节水和环境保护技术，装修风格上融合城市人文历史，在多个车站打造了展示深圳独有文化气息的公共艺术墙。深圳地铁 11 号线为后期轨道快线的建设提供了实践经验，助力深圳建成先进的轨道交通体系，未来通过与穗莞深城际铁路、深茂高铁、深港西部快轨接驳，将成为构建粤港澳大湾区协调发展城市轨道交通网中的重要线路，形成贯穿珠江东岸的香港、深圳、东莞、广州等城市的大湾区发展纽带。

3. 坪盐通道隧道段

坪山-盐田快速通道(坪盐通道)是跨越深圳市坪山、盐田两个行政区的市政道路，路线全长约 11.25km，北起坪山区锦龙大道-中山大道平交路口，南至盐田区盐坝高速、规划盐港东立交，以隧道形式穿越马峦山山体。坪盐通道道路等级为城市快速路，设计速度为 80km/h，马峦山隧道为坪盐通道的控制性工程，全长约 7.9km，属特长隧道，最大埋深达到 337m，北连锦龙立交、南接盐港东立交，由北向南穿越马峦山山体，途经马峦山郊野公园、三洲田森林公园与东部华侨城景区，现已全线贯通。如图 3-10 所示，隧道采用分离式独立双洞设计，双向六车道，隧道内设计有 1 座通风竖井、31 条逃生横通道及一系列消防控制系统，意外事故发生时消防救援联动控制可有效地指导人员进行安全疏散。投用后的坪盐通道将成为深圳东部南北轴线上的一条重要快速通道，极大地促进坪山区与市中心区、盐田区的联系，对坪山、盐田分别为 3m×2.8m、4.6m×2.8m。三条综合管廊投用运营以来，运营效果良好，在保障城市供应、避免相关道路重复开挖、缓解交通压力、提升城市品位等方面做出了很大贡献。

光明区综合管廊在国内首次实现综合管沟规模化、网络化建设目标。这三条管廊均采用明挖法与新建道路同步施工，运用了许多先进的设计建造理念。以光侨路综合管廊为例，该管廊全长 5.5km，主要设置在道路人行道及绿化带下，部分埋设在机动车道下，综合管廊断面设计、平面布置、附属构筑物的设置以及纵向坡度设计合理，与项目建设环境相适应，让尽可能多的市政管线进入综合管沟，各管线互不干扰，保证了管廊的使用效率和安全可靠运行。该管廊节点设计新颖，与华夏路综合管廊相接的节点在接口处采用双层结构，给水通信仓与电力仓分处上下层，两仓之间以防火门相隔，并与监控中心出入口形成供人员行走的循环线路。同时，管廊内设有先进完善的安防监控系统，快速以太网传输系统，视频监视系统，火灾自动报警系统、PLC 控制系统、电力监控系统等，充分保障了管沟运营安全。综合管廊的成功建设给光明区带来了良好的社会效益和间接经济效益，已经成为国内城市地下综合管廊项目的示范性工程。

3.2.2　深圳地下空间开发利用经验分析

随着深圳市可用建筑面积减少，地面建设成本升高，空间与功能设施地下化成为未来趋势。地下空间作为未来城市发展的战略性空间，从目前总体情况来看，深圳市地下空间的开发利用近些年取得了较快速度的发展，为未来深圳进一步开展地下空间开发利用奠定了基础。深圳目前地下空间开发已经取得了一定的成就，形成了具有深圳特色的地下空间利用模式，可以归纳出以下几方面的经验。

(1) 超前的规划与研究，是地下空间开发利用有序发展的必由之路。深圳早在 2000 年就开展了全市层面的地下空间规划研究，是全国最早开展城市地下空间规划编制工作的城市。2007 年以地下空间资源规划为依据，提出了深圳地下空间开发的总体要求，确定了地下空间开发重点地区。福田区、罗湖区、宝安区、龙华区、盐田区、坪山区、龙岗区等行政区，前海、深圳湾总部基地、华强北等重点地区，也先后开展了地下空间开发利用的详细规划与研究。深圳对地下空间进行了一定的超前规划与研究，保证了深圳地下空间总体上有序发展。

(2) 详尽的地质勘查信息，是深圳地下空间开发安全开展的前提。深圳具有海滨城市独特的地质和环境条件，深圳对地下基础信息开展了系列勘察工作，针对地下管线分布、工程地质情况、地质灾害风险、矿产资源等开展了调查工作，对深圳地下空间资源的利用现状和地质信息有了较全面的认识，为安全开发利用城市地下空间提供了基础技术支撑。

(3) 改善城市交通问题，是深圳地下空间快速发展的主要动力。发达交通网络是城市高效运转的支撑体系，地下交通系统是改善城市交通问题的必要途径。深圳大量建造地铁、地下道路、地下停车场等，拓展了交通范围，提高了交通效率。在建设地下交通体系的同时，可以增强交通系统和地上空间的立体协同和连通互动关系，以交通为纽带驱动地下空间快速发展。例如，深圳地铁针对交通枢纽、重点车站、换乘车站等人流聚集地段的地下空间进行综合开发，随地铁线路的延伸而开发地下商业街，分布在福田中心区、大剧院、华强北、车公庙、上梅林等城市核心商圈，地下交通系统的建设大大加速了深圳地下空间的发展。

(4) 地下空间功能综合化，是城市立体化发展的必然趋势。大城市在集聚效应下呈现出立体化发展，城市的功能趋向高度复合，地面功能地下化是未来趋势，地下空间的利用也向综合化方向发展。对城市交通、市政、居住、医疗、商业、娱乐等多种功能在地下空间进行综合规划，将地下各功能设施系统进行有机整合和统筹考虑，地上、地下空间功能相互结合，实行综合规划，立体开发。例如，目前深圳建设的黄木岗综合交通枢纽、大运城市综合交通枢纽及正在开展的车公庙片区未来规划，都将进行复合型立体开发，加大地下空间的利用效率，打造集地铁滨海大道沿线填海区、后海填海区、蛇口沿岸填海区、前海填海区等。深圳填海区的地层条件一般极差，填海区常下卧深厚软土层，该土层具有天然含水量高、孔隙比大、透水性低、结构松软、抗剪强度低、流变性和不均匀性强、稳定性差等特点，填海后短时间内难以完全固结。在填海区开展地铁、地下道路等工程建设的同时，周边开发往往也在大规模进行，此时，土层尚未固结完成，可能会造成后期隧道运营期间出现不均匀沉降、水平偏移等变形，以致影响地铁或市政隧道的正常运营，甚至出现安全风险。例如，深圳前海填海区曾发生因基坑开挖导致临近地铁线路隧道水平和竖向位移超过控制标准，造成管片大面积开裂，部分隧道区间不得不采用钢环加固措施。因此，在填海区进行地下工程建设，对建造工法的选择、施工时序的安排等环节都将带来更大的挑战。

台风天气在深圳非常常见，伴随台风而来的大规模降水对深圳地下建筑的通风、排水和供配电系统形成风险，在设计和施工中须重点考虑。特别需要重点考虑深圳台风天气在地下工程的施工过程中可能带来的影响，及时疏通场地排水系统，保护现场机电设备。如果在强降水天气，遭遇紧急险情，须提前预备好人员撤离和抢险方案。

3.3.2　深圳地下空间开发利用的问题与挑战

(1) 城市地下空间开发利用程度不够充分，无法满足城市发展需求。深圳城市建设只经历了 40 多年时间，地下空间开发起步晚，主要的地下空间利用形式还是以地下交通和少量商业场地及高层建筑地下室为主。目前地下空间开发利用程度不够充分，跟不上城市发展需求，尤其对于交通设施和市政基础设施布局研究不够，如轨道交通线路在原关外各区尚不发达，地下大型供水系统、能源供应系统、排水及污水处理系统和生活垃圾处理系统更加需要进一步开发。同时，目前深圳的地下空间开发利用还是以政府行为为主，经济效益发挥不充分，未来开发商主导的市场化商业开发模式还有待加强。

(2) 地下空间因需而建，开发布局分散，缺乏顶层设计和长远规划。

深圳地下空间的整体布局目前呈现出各自因需而建、点状开发、布局零散的特征，地下空间区域分布呈现出在福田、罗湖等原特区内和地铁沿线周边区域聚集特征，而宝安、龙岗等区的地下空间开发程度很低。各区域地下空间大多因各自需求来建造，缺乏对全市科学的顶层设计和长远的整体性规划，这样造成了地下空间资源的极大浪费，也提高了今后大规模开发和相关产业布局的成本。

(3) 地下空间功能单一、结构独立，地上地下综合协调欠缺。目前，深圳还缺乏对城市地下空间开发利用整体的发展战略和科学全面的规划，更缺乏对地上地下空间的综合协调安排。一方面，当前已有的地下空间开发利用规划主要是依托于地铁建设被动发展起来的，而轨道交通网络规划明显滞后于城市建设，缺乏从地下空间资源角度考虑的主动开发规划，与城市总体规划并未同步；另一方面，目前的地上空间建设已经相对完善，而地下空间的规划建设明显滞后，地下空间开发规划与地上空间建设的需求匹配度低，地下空间开发项目功能单一、结构独立，不能有机组织，造成片面追求短期效益、综合效益低等问题。例如，华强北地下商业街建设过程中缺少统筹协调，地下空间各个项目独立运作、各自为政，缺乏整体性，造成地下商业空间环境品质良莠不齐，难以适应未来城市公共活动需求。

(4) 地下空间开发以浅层为主，深层空间开发利用程度较低。深圳市地下空间项目建造与规划的深度目前还是以浅层开发为主，利用深度主要在地下 15m 以内，只有少数地铁轨道的局部线路埋深较大，且相邻地块对不同深度地下空间的开发间的相互联系较弱。随着城市化的不断发展，要满足合理高效利用城市空间、完善城市功能的现实要求，未来地下空间开发必然由目前的浅层开发为主逐步向深层开发转变。因而，需要科学地对地下空间开发深度做出合理预测和规划，制定浅层、次浅层、次深层与深层地下空间利用的总体规划，在不同深度依次布局不同的功能设施，制定深层地下空间开发的长远安排(谢和平等，2017)。

(5) 地下空间建设相关技术标准与风险评估体系不完善。深圳开展地下空间建设面临复杂的地质和水文条件，工程技术难度大，安全风险高。针对适合深圳水文地质条件的工程技术(如地下工程建造工法的选择、施工时序的安排、地下结构的相互影响和保护等)系统性研究还不足，缺乏相关技术支持协调机构，技术标准并不完善。地下空间开发成本高，目前相关工程定额与工程量清单计价规范的制定相对落后。地下工程的建设和运营过程中都面临较高的安全风险，未来建立完善的地下空间开发利用风险评估体系和监测与预警机制，有望使地下工程的建设和运营风险降至最低。

(6)信息化网络建立不完善，难以系统化管理。深圳目前对地上空间的信息化建设和管理系统已经比较成熟，而地下空间的信息化管理系统建设则还不完善。首先，目前对深圳的地下空间资源还缺乏系统性的全面评估，对地下地质环境等复杂的三维空间信息掌握不足，导致当前的地下空间规划缺乏可靠的基础。其次，对已开发的地下空间(包括地下市政管线、综合管廊、地下轨道交通和地下建筑物等)的信息化网络建立还不完善，缺乏系统化管理，物联网、大数据、云计算与人工智能等新技术运用程度不高。信息化管理技术运用的薄弱对未来地下空间的科学规划、高效建设、智能管理等方面都将形成制约。

(7)城市地下空间开发利用相关法律法规和管理政策不健全。首先，城市地下空间开发利用的相关法律体系不健全。地下空间的产权分割、物权范围、地价核算、工程建设的审批管理等问题尚未有明确的民事立法，配套立法更不健全，对城市地下空间规划的编制和实施产生了一定程度上的影响。对于地下空间规划的相关立法方面，国家在《中华人民共和国城市规划法》中仅规定了地下空间开发利用应遵循的原则，但并没有给出地下空间规划的具体操作细则；2008年深圳市颁布的《深圳市地下空间开发利用暂行办法》在内容上还是原则性规定，对地下空间规划和利用的实际指导性并不强，法律效力不足。

其次，深圳地下空间开发利用管理政策也不健全，尚未形成专门的管理体系和管理机构。地下空间的开发和建设往往涉及城市建设、国土规划、人防和环保等多个管理部门，各部门的职权范围目前还没有明确的立法规定，实际操作中存在部门间职责不清、多头管理、协调困难等问题，严重影响了地下空间的开发利用效率。

参 考 文 献

雷升祥, 申艳军, 肖清华, 等. 2019. 城市地下空间开发利用现状及未来发展理念[J]. 地下空间与工程学报, 15(4): 965-979.

刘芳, 张宇, 姜仁荣. 2015. 深圳市存量土地二次开发模式路径比较与选择[J]. 规划师, 31(7): 49-54.

中国铁道建筑有限公司. 深圳福田站综合交通枢纽[J]. 城乡建设, 2019, (2): 72-73.

王宝泉, 许大鹏. 2016. 深圳光明新区光侨路综合管廊设计[J]. 中国给水排水, 2016, (10): 72-75.

王广华, 陈彦, 周建华, 等. 2016. 深层排水隧道技术的应用与发展趋势研究[J]. 中国给水排水, 32(22): 1-6, 13.

王建新. 2010. 深圳丰盛町地下街隧道暗挖信息化施工分析[J]. 铁道建筑, (6): 64-66.

王仕春. 2012. 深圳市城市轨道交通 11 号线重大技术方案研究[J]. 科技资讯, (16):46-47.

谢和平, 高明忠, 张茹, 等. 2017. 地下生态城市与深地生态圈战略构想及其关键技术展望[J]. 岩石力学与工程学报, 36(6): 1301-1313.

张运标. 2009. 深圳地区常见的工程地质问题和工程实例[J]. 广州建筑, (5): 50-56.

朱安邦, 刘应明. 2018. 深圳市综合管廊建设发展经验总结. 2018 中国城市规划年会, 杭州.

第4章　深圳未来地下空间开发利用理念与战略构想

2018年12月26日，习近平总书记对深圳经济特区提出了新的战略定位，指出“今年是改革开放40周年，深圳经济特区作为我国改革开放的重要窗口，各项事业发展取得显著成绩。深圳市委、市政府要始终牢记党中央创办经济特区的战略意图，认真总结改革开放40年成功经验，坚持和加强党的全面领导，坚持全面深化改革，坚持全面扩大开放，坚持以人民为中心，践行高质量发展要求，深入实施创新驱动发展战略，抓住粤港澳大湾区建设重大机遇，增强核心引擎功能，朝着建设中国特色社会主义先行示范区的方向前行，努力创建社会主义现代化强国的城市范例。”深圳作为我国的经济特区，也是一座现代化国际都市，应发挥全国经济中心城市和国家创新型城市的引领作用。开发和利用深圳地下空间，是建设卓越深圳的必经之路。因此，建立深圳地下空间开发利用的理念和战略构想，具有重要的理论意义和实际意义。

4.1　深圳未来地下空间开发利用理念和目标

深圳地下空间开发利用的理念和目标需要结合深圳实际，考虑综合效益，致力于深圳的可持续发展。在深圳地下空间战略构想提出前，应确定深圳地下空间开发利用的理念和目标，明确深圳地下空间的发展定位，保证深圳地下空间总体战略的科学性。

4.1.1　深圳未来地下空间开发利用理念

1990年，美国学者韦恩·奥图和唐·洛干在《美国都市建筑——城市设计的触媒》一书中首先提出城市触媒理论(余灏深，2016)。他们借用“触媒”这个化学上的概念，提出了“城市触媒”的概念，并把它作为城市规划和设计的观念，指出城市触媒“并非仅是单一的最终产品，而且是个可以刺激和引导后续开发的重要要素”。这一理念在城市地下空间的开发利用中代表了一种城市建设的基本方式，主要起到控制与指导、激发与引导两方面的作用。这和最初地下空间的被动发展、单一功能等特点非常契合，即“城市触媒”理念指导早期地下空间自发式的开发和利用(文闻等，2011)。

“城市触媒”理念仅停留在地下空间在城市中的平面布局上，是一种二维城市规划模式。20 世纪 90 年代后期，出现了“紧凑城市”、“密度城市”、“城市立体化发展”等理论。这些理论表明，城市空间立体化既是顺应城市发展要求的城市形态演变的结果，也是一种应对城市化造成的城市土地资源紧缺与满足城市集约化发展需求的重要策略。早期研究的重点集中于向空中发展，出现了空中高楼，进入 21 世纪以来，提出了向下扩张形成地下城的发展方向，由此形成了三维城市规划模式。以空间集约理念为基础，城市地下空间注重分层开发，不同埋深和不同区域地下空间的功能应用有着明显的不同(Rönkä，1998)。

在以空间集约理论为代表的三维城市规划体系的基础上，考虑时间维度对空间维度的影响，同时为满足新时代绿色城市发展要求，贯彻智慧城市发展构想，我们提出时空协同绿色智能地下空间开发利用理念(图 4-1)。时空规划指的是在城市地下空间规划时既考虑各城市要素的空间分布形态，又要考虑各要素随时间推移存在的潜在变化。功能协同指的是依据区域需求或区域在经济、能源、人才、信息等方面的优势，对区域内各地下功能体进行功能集成，提升各功能体的协同发展能力。绿色生态是通过地下生态物质及能量循环圈的建立，形成人性化、舒适性的地下城市生态环境。智能管理是通过人工智能、物联网、大数据、区块链等技术实现城市地下空间的精细化管理、智能化调控。

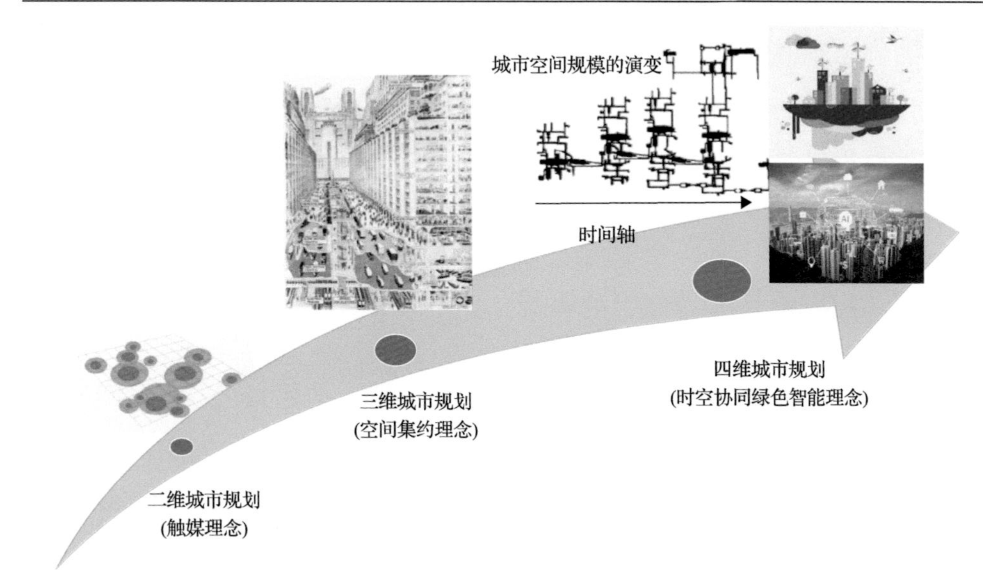

图 4-1　时空协同绿色智能地下空间开发利用理念的提出

4.1.2　深圳未来地下空间开发利用目标

2019 年 8 月 18 日，中共中央国务院出台《支持深圳建设中国特色社会主义先行示范区的意见》，指出：到 2025 年，深圳经济实力、发展质量跻身全球城市前列，研发投入强度、产业创新能力世界一流，文化软实力大幅提升，公共服务水平和生态环境质量达到国际先进水平，建成现代化国际化创新型城市。到 2035 年，深圳高质量发展成为全国典范，城市综合经济竞争力世界领先，建成具有全球影响力的创新创业创意之都，成为我国建设社会主义现代化强国的城市范例。到 20 世纪中叶，深圳以更加昂扬的姿态屹立于世界先进城市之林，成为竞争力、创新力、影响力卓著的全球标杆城市。

在此背景之下，深圳地下空间的开发和利用要实现高规格和高投入，以保证深圳建设成为城市范例和标杆城市。所以，深圳地下空间开发利用的总目标为构建地上地下统筹协调发展(科学化)、环境友好型资源节约型开发(生态化)、地下多功能综合利用(综合化)、深度开发分层规划(深层化)、智能监测智慧管理(智能化)以及以人为本(人性化)的地下空间开发体系，形成时空协同绿色智能的地下空间利用先行示范区，打造社会主义现代化强国的城市范例。在此目标的基础之上，深圳应重视顶层设计，高端起步，力争全球领先，从而实现深圳市持续高端发展。

4.2 深圳未来地下空间开发利用总体战略

在时空协同绿色智能地下空间开发利用理念和构建“六化”深圳地下空间目标的指导下，结合卓越城市发展特点，提出了深圳地下空间的总体战略。总体战略主要包括战略蓝图和四大方略，由此形成一套完善的理论体系，指导深圳地下空间的开发和利用。

4.2.1 深圳未来地下空间开发利用 2.0\3.0\4.0 战略蓝图

深圳地下空间时空协同开发注重的是在不同阶段制定不同的规划，根据深圳地下空间的发展历程及未来地下空间的发展需求，提出以下四个开发阶段的构想。

1. 深圳地下空间 1.0 阶段：被动发展，自行开发

深圳地下空间最初主要运用于地下人防工程(图 4-2)以及一些地下储备库(图 4-3)，功能单一，结构简单。该阶段是深圳市地下空间早期的发展状态，主要是迫于功能需求被动开发，而不是主动的规划利用。

图 4-2 地下防空洞

图 4-3 地下储备库

随着城市的发展，城市人口密度越来越大，城市空间压力剧增，开始出现了地下轨道交通、地下商场以及地下停车场等应用于人们生活之中的地下空间(图 4-4)。这种城市地下空间是迫于城市需求而开发的，难以与地面进行协调。这种被动式地下空间的利用使城市空间的管理变得混乱，城市地下空间的利用率也不高，难以满足城市的需求(刘宝琛，1999)。

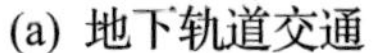
(a) 地下轨道交通

(b) 地下商场

(c) 地下停车场

图 4-4　地下空间利用类型

2. 深圳地下空间 2.0 阶段：主动规划，总体布局

预计 2022 年深圳进入该阶段，总体呈现主动规划、总体布局、高效管理。随着科技的发展，人类将城市地下空间作为一种重要的资源进行规划和利用。世界卓越城市的地下空间开发已由被动式、分散式的发展，转变为主动式、科学化的规划和开发，这是一个全新的地下空间发展阶段，即地下空间 2.0 阶段。目前，深圳地下空间正处于 1.0 阶段向 2.0 阶段迈进的时期，由被动式开发向主动式开发转变，地下空间的功能类型在不断丰富，地下综合体以及地下综合管廊建设已成为地下空间发展的重要任务。

在深圳地下空间 2.0 阶段，城市地下空间规划趋向科学成熟，地下空间开发利用都是基于科学的规划和设计，再结合实际需要，进行有序开发(图 4-5)。依靠城市地下空间的大力发展，在地下空间 2.0 阶段，深圳有望追上世界卓越城市的步伐，跻身创新型世界化大都市的行列。最终实现地上少车，地下“多流”(人流、物流、信息流、交通流等)

畅通的城市环境，即主动科学开发地下空间，形成多功能集合的大型地下空间综合体，基本建成地下交通工程、地下市政工程、地下医疗体系等。

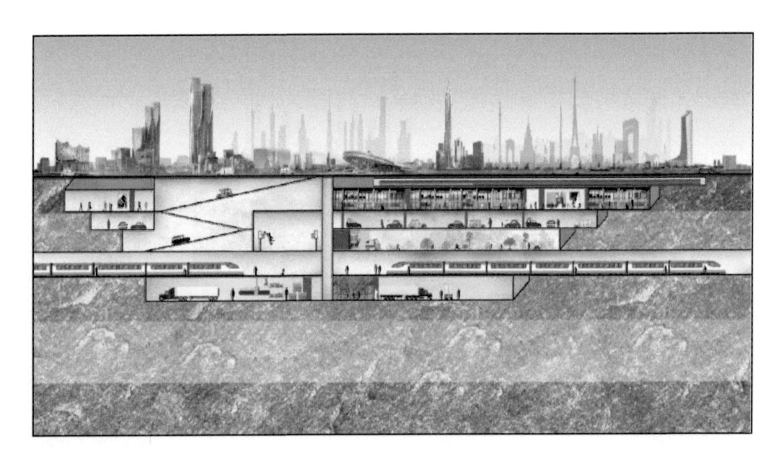

图 4-5　城市地下空间 2.0

在该阶段，地下空间的开发从上至下线式发展，每一分层布置不同的地下空间类型，所以 2.0 阶段是在现有的地下空间开发利用基础之上，主动规划每一分层的功能定位。以地下轨道交通为骨架，围绕地下商业中心和地下交通站点向周围辐射，建设结构完善、功能齐全的地下空间体系。

3. 深圳地下空间 3.0 阶段：生态构建，深层利用

地下空间 3.0 阶段计划 2030 年实现，总体呈现生态构建，深层利用的态势。地下空间综合化利用进一步完善，实现地下阳光、空气、水和植被的自循环，初步形成地下空间生态圈，建成地下生态城市(图 4-6)。此时地下空间逐渐向地下深部发展探索，深地科学研究取得重大进展。深入研究深地能源资源开发，实现深地固态能源的流态化、无人化开采，为地下空间提供持续的能源资源。城市地下空间 3.0 阶段总体呈现地上无车，地下“多圈”(人圈、物圈、信息圈、交通圈等)健全的城市环境。

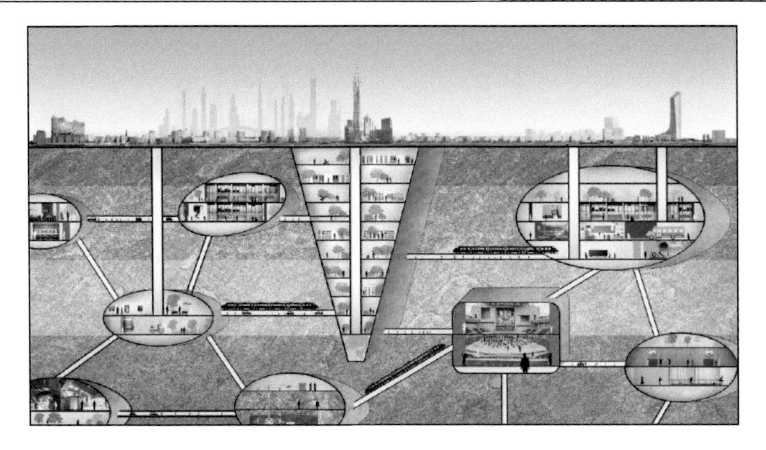

图 4-6 城市地下空间 3.0

地下空间 2.0 阶段是进行主动规划、总体布局的阶段。而到了地下空间 3.0 阶段，需要结合生态绿色发展理念，建设地下生态城。结合地下生态发展技术和能源开发技术，局部区域建成地下生态圈，进而利用地下通道将各圈连接起来，最终形成圈式地下空间发展模式。

4. 城市地下空间 4.0 阶段：绿色生态，智能管理

城市地下空间 4.0 阶段是城市地下空间发展最完善的阶段，预计 2050 年实现。在这个阶段，城市地下空间生态化、信息化建成，实现城市深层化发展及能源利用，建成完善的智慧地下空间管理系统(图 4-7)。地下空间成为人类生活的重要空间，总体呈现地上青山绿水、蓝天白

图 4-7 城市地下空间 4.0

云，地下“多网”(人网、物网、信息网、交通网等)交融汇通的城市环境。

城市地下空间 4.0 阶段是建立在前三个阶段的基础之上，全面开发利用地下空间。圈式地下空间是按需局部开发地下空间，而发展到 4.0 阶段，地下空间的开发利用将出现网式地下空间结构。网式结构通过通道将各空间连接起来，实现地下空间之间的互联互通，进而形成地下城。结合绿色生态发展理念和人工智能技术，地下城的建设最终将实现城市地下空间的“六化”开发利用。

4.2.2　深圳未来地下空间开发利用四大方略

在时空协同绿色智能理念指导下，本书提出了深圳地下空间发展的四大方略，分别为时空规划、协同发展、绿色生态和智能管理。

1. 时空规划

与城市其他空间不同，地下空间不仅是城市空间开发的一个方向，更是一种不易再生的城市资源。地下空间原本密闭稳定的特性、以及开发深度增加后带来的施工技术上的困难等特点，决定了地下空间的开发具有一定的不可逆性。然而，随着科技的进步和社会的发展，人们对城市生活的要求不断进化，城市地下空间的快速发展势不可当。在开发城市地下空间时，首先要从三维空间上进行规划，然后基于时间维度，逐步实现地下空间的 2.0～4.0 阶段。在空间层次规划时，要注意不同区域的发展需求，因地制宜，主动规划，而且要结合深度分层进行分层有序开发。地下空间的时间规划主要是考虑近远期的差异，分阶段规划，促进地下空间的可持续发展。

时空规划兼顾城市地下空间开发在空间集约和时间延展的特性，分阶段制定规划方案(图 4-8)。在 20 世纪 70 年代，地下空间的利用形式主要为地下防空洞，开发程度低，结构简单独立。到了 20 世纪 90 年代，开始出现了地下交通，比如地下人行通道和地下快速车道等，加快了城市的发展。到 21 世纪 10 年代，地下空间的利用逐渐趋于综合化和深层化，出现了地下综合体、深地实验室等，人类开始主动探索地下空间(李鹏，2008)。未来的地下空间利用将出现更大的变化，如地下空间透明，地下智慧管理等(童林旭，2005)。时空规划就是立于时代发展的角度，展望未来，分阶段规划，指导未来城市地下空间的开发和利用。

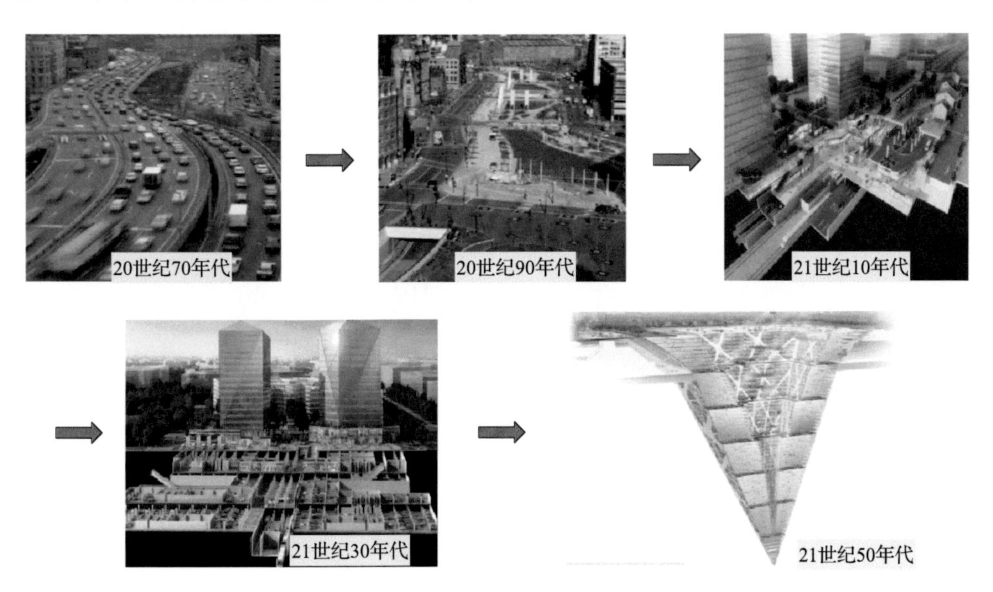

图 4-8　不同时期的城市地下空间规划

地下空间作为一类不易再生的城市资源，在规划时要具有一定的时间弹性。当下规划的浅层地下空间可在未来阶段做出修复和改建，并为深层地下空间开发做出预留和铺垫，即在时间维度上表现出一定的往复性。与此同时，规划的未来深部地下空间，应当能够借助已有地下空间进行发展，以避免重复开发和资源能源浪费。在功能上，未来深部地下空间也需要与浅层空间联系，实现浅层空间功能的进一步升级，或者依靠地下深部资源对浅层空间功能的补充。

2. 协同发展

城市地下空间在开发利用的过程中，会始终和地面空间结合，服务于地面空间的建设，实现地面地下一体化。在地下空间的发展过程中，各功能体也会互相关联，协同布局，实现地下空间的互联互通。深圳城市规划应结合地下空间开发的功能类型、发展特征，与城市的发展实际相协调，充分考虑经济和社会发展水平的影响，使其与城市的总体规划相协调，在宏观层面就城市布局形态、总体定位等进行规划与引导。

深圳地下空间开发利用不再是满足单一功能要求，而是立足于城市的整体建设与功能，建设符合商业、交通等一体化的大型综合体。这些综合化地下空间在设计时必将形成更大的商业、文化、娱乐、交通、仓储等空间，从而担负更多的城市功能，实现地下综合体建设。图 4-9 是根据《成都地下空间利用规划》设计的成都中心区地下空间规划图，深圳未来地下空间也可以参考这种模式，进行地下空间设计。当以某一种地下空间功能为主要功能时，要合理规划周围地下空间，实现地下空间之间的互联互通，既发挥主要功能体的主导作用，也考虑次要功能体的辅助作用，以更好地建设科学综合的地下综合体(王曦，2015)。

图 4-9　多功能地下综合体

城市地下空间相对比地面空间而言，具有隔音隔震、恒温恒湿等优点，因此很多生活设施都可以布置在地下(代阳和徐苏宁，2008)。已经建在地面上的设施也可以进行地下转移，实现地面设施与功能的地下化，从而突出地下空间的显著优势(图 4-10)。例如，将游乐场布置到地下，可以设置得天独厚的地下涵洞项目，清凉有趣；数据中心可以布置在地下，避免对地面的干扰，也保证了数据中心的稳定运行(袁海，2002)；物流系统布置到地下，可以一定程度上缓解地上交通的压力，并保证物流的快速通行；垃圾处理中心也可以布置在地下，减少对地面的环境污染，美化环境。

图 4-10　地面功能与设施地下化

3. 绿色生态

随着城市化的发展，出现了人口增长、环境污染、资源短缺等城市病，严重制约着城市化的进程。城市地下空间的开发和利用，可以一定程度上缓解城市病，逐渐改变城市环境，建设绿色城市(谢和平等，2017)。在城市地下空间开发利用过程中，也应遵循绿色发展的原则，构建地下生态圈，实现地下物质和能量的自循环，构建美好的地下生态城市(图 4-11)。

在深圳市域范围进行生态地下空间建设，建立生态地下空间的战略规划，构建关键的生态地下空间技术，促进地下空间的健康发展。在城市地下空间中形成可满足人类生活需要的生态物质及能量循环，构建以光、气、水、碳为基础的地下生态圈，最终实现地下生态圈与地上生态圈的相互融合，构建宜居的城市生态环境。

图 4-11　地下生态圈(谢和平等，2017)

4. 智能管理

随着计算机技术的发展，大数据和人工智能已经进入人们的日常生活中，城市地下空间的建设更需借助先进信息与计算机技术，实现设计、施工和维护的全周期智能化(朱合华等，2004)。城市地下空间的智能管理主要体现在三个方面。第一，在建设城市地下空间信息网络的基础上，借助 BIM 和 VR 技术，实现地下空间的可视化，逐步实现地下空间基础设施管理的智能化、无人化(苏小超等，2014)(图 4-12)；第二，借助地下空间信息系统，建设充满科技感的地下空间，高效管理，科学运行，实现地下空间运营维护的精细化、高效化；第三，考虑人类心理需求，

图 4-12　BIM 技术建设的地下综合体(康小军等，2015)

合理设计地下空间布局，实现地下空间环境调控的智慧化、人性化。

深圳地下空间的智能管理应借助先进的技术手段，加大投入力度，开发地下空间物联网智能管理技术。其主要包括运营支撑系统、传感网络系统、业务应用系统、无线通信系统、人工智能科技、可视化技术、大数据处理与云计算技术等。进而利用这些技术，打造地下空间的智能管理平台，实现地下空间的科学发展，促进深圳这一城市范例和标杆城市的建设。

4.3　深圳未来地下空间开发利用关键技术与设施

深圳未来地下空间开发利用的战略构想离不开具体关键技术的支撑。深圳地下空间目前处于1.0阶段向2.0阶段的过渡期，此阶段地下空间的发展应立足于对已有地下空间的改进，即地面建筑功能的地下化转移。城市地面功能已相当成熟，但受限于地面土地的紧缺，一些功能需要向地下转移。而且，地下空间具有隔音隔震、低本底无辐射等的特性，一些地下设施(例如垃圾处理厂、资源储备库等)转移到地下会带来更好的社会与经济效益(胡毅夫和梁凤，2015)。

4.3.1　深圳未来地下空间开发利用关键技术

1. 地下空间生态化循环技术

光循环技术。光能是任何生态圈都无法缺少的因素，光循环系统的建立对于地下空间生态循环系统的构建具有重要意义。光循环技术的实现主要通过人造太阳或人工引入光源。在深圳地下空间中引入光循环技术，不仅有利于地下农场、地下生态圈的建设，还可以给人们的日常生活带来舒适与便利。

气循环技术。对于深圳地下空间建设来说，可以采用增加地下绿色植被面积、提高二氧化碳转化效率、大量合成氧气等方式来促进地下空间各组分气体的比例平衡。在封闭、拥挤的地下空间中，完善、高效的气循环体系将提高人们在生理和心理上的舒适度。

水循环技术。水循环技术的应用建立在对深圳深层水调查的基础之上。在深圳地下空间的建设中，可在地下设立抽水蓄能电站，从而达到调蓄电能、平衡水源补给的效果，同时也可以将发电之后的地下水进行浇灌，促进深圳地下空间的绿色生态建设(张兴文，2006)。

碳循环技术。自然界中的碳元素在外界环境与各类生物之间，通过光合作用和呼吸作用的形式进行循环。深圳地下空间的碳循环技术侧重于研究深地环境与生物多样性之间的关系，通过探究生物和外界环境之间的碳循环方式与过程，最终建立起高效的深地生态系统。

2. 地下空间绿色能源自循环技术

战略资源储备、深地能源开采利用技术。随着化石燃料的日渐枯竭，人类对于深地能源的开发和利用就显得尤为重要。发展智能化、人性化、科学化、综合化的深地能源开采利用技术，将会对深圳乃至我国的未来能源体系建设做出巨大贡献。

深地多元清洁能源生成、调蓄和循环技术。此技术主要包括深地增强型地热转换与储存技术和深地高落差地下水库发电技术。此技术在深圳的应用，可以有效解决该地区的能源供给问题，并可作为其他城市低碳能源体系建设的参考范例。

深地废料无害化处理、转化利用及永久处置技术。深圳的经济迅速发展也伴随着各类污染物、废料的大量产生。此项永久处置技术基于垃圾和废料的种类、特性对其进行分类，并对其建立不同的处理制度，提出不同的处理方案，保障深圳的环境质量(谢和平等，2017)。

3. 地下空间物联网智能管理技术

在深圳地下空间的建设中，要充分发挥物联网智能管理技术的智能管理特性。本技术由运营支撑系统、传感网络系统、业务应用系统、无线通信系统、人工智能科技、可视化技术、大数据处理与云计算技术构成(王明，2016)。发展物联网智能管理技术体系将极大的提高深圳地下空间的整体性与智能性。以使用物联网技术构建的智慧城市四平面模型

(图 4-13)为例，其将感知平面、网络平面、信息平面和交互平面等四个平面组合成为一个紧密联系、相互影响的有机综合体，可加速智慧城市的发展。

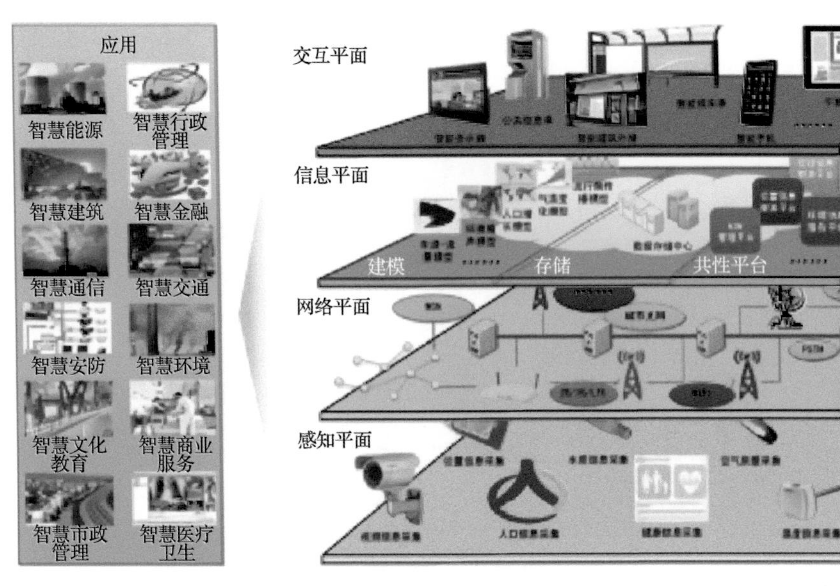

图 4-13　物联网技术构建的智慧城市四平面模型

来源：http://wanggou.fan-pin.com/st-zbvbzbzvjkxlnmcvmvm.html

4. 地下空间稳定与灾害防控技术

地下空间稳定性分析。对于深圳地下空间稳定性的分析，要从地下空间建设的全生命周期入手。从第一步的地质勘探开始，经过设计部门对本区域进行空间设计，再到施工部门的工程施工，最后施工结束后的监测维护，都应该将稳定性分析考虑在内。

地下空间灾害防控分析。对于深圳地下空间灾害防控来说，主要侧重于抗爆、抗震、抗火、防毒这四个方面。灾害防控是地下空间安全建设的重中之重。一个完整的地下灾害防控体系应当建立安全、可视化的地下空间信息系统(图 4-14)，方便在灾害发生时共享灾害区域以及灾害信息，并且应当具备专项应急预案来形成快速反应机制，通过防灾救灾技术设备与救援医学进行快速、合理、高效的救援(陈强等，2006)。

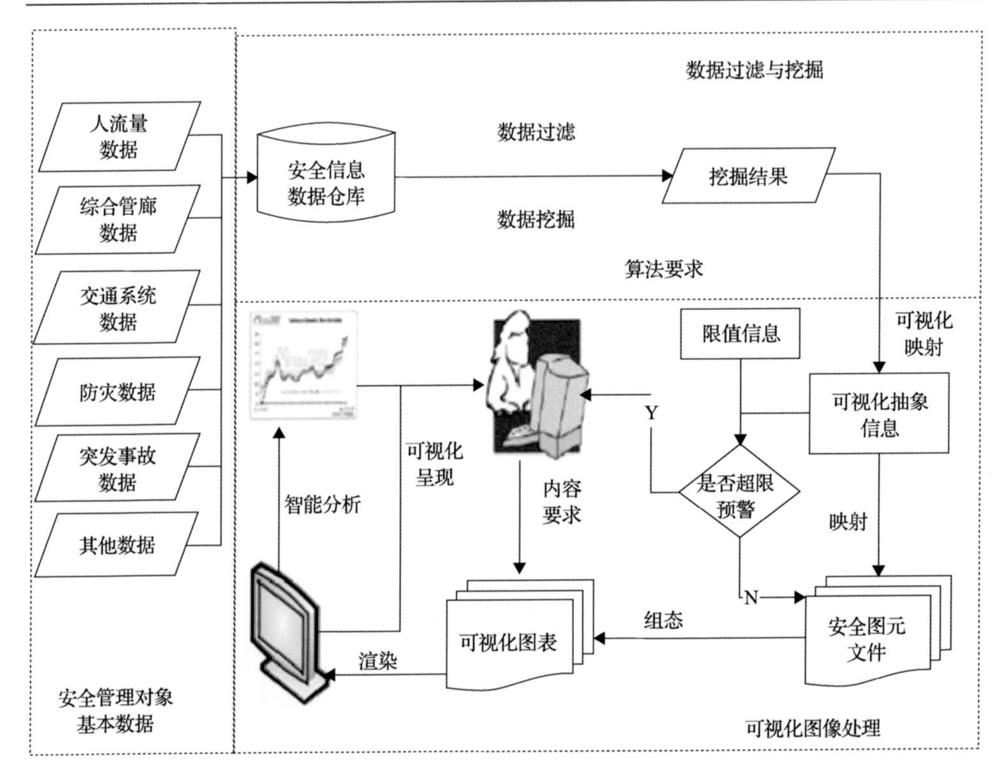

图 4-14　地下空间安全可视化管理信息系统

4.3.2　地面设施地下化

地下空间资源的开发具有不可逆性。因此早期地下空间开发应由政府主导，同时制定各个区域、层级的功能定位，避免地下空间资源的浪费。在深圳地下空间开发利用的 2.0 阶段，首要就是要将地面的一些功能和设施向地下转移。随着地下空间基础设施的完善，更多设施可以逐步搬迁至地下。

深圳现有以及在建的公共设施功能多为城市基础设施，例如地下管廊、地铁等，着重为城市地面功能服务。在近期，城市的主要功能仍将停留于地面以上，因此地下空间开发应以服务地面以上城市功能为主。结合以往城市的开发经验和深圳现有地下空间开发利用的特点，深圳地下空间的开发建设应优先建设以地下交通系统为代表的公共基础服务设施。公共基础服务设施为城市空间开发的必要因素。因此，在开发初期，地下空间除了服务于城市地面基础设施之外，还同时服务于其他地下公共基础设施。在完成地面基础设施逐步转移至地下之后，再进行地下空间的商业、娱乐业、科研教育、休闲生态等具有经济效益的项目开发。待科技发展、施工技术成熟以后，再向深地进军，开发利用深地资源，建立深地大科学探索装置及深地科学中心实验室，或利用智能化、信息化手段对地下各建设项目进行全面改造。

从政府政策层面，地下空间开发具有不可逆性，同时地下空间开发成本在初期仍然较高。公共基础服务设施由于无法产生大量经济效益将主要由政府投资；近期规划的地下公共设施如医院、音乐厅、疗养院等可采取由政府提供资金或政策性支持、由企业开发和运营的模式开展；而地下空间的商业、娱乐业、休闲生态、地下农业、地下康养产业等具有经济效益的项目可由开发商进行投资开发(陈倬，2011)。总体而言，地下空间的开发需要由深圳市政府提供先期基础设施投资，而后采用政府资金或政策补助企业的形式进行联合开发，最后由企业在政府规划下进行自主开发。对深圳各类可搬迁的建设项目按优先级别总结见表 4-1。

表 4-1　深圳地面设施地下化规划表

设施分类	建设项目
已建基础设施	地下轨道交通系统、地下综合管廊、地下通道及隧道工程、地下物流运输体系、地下停车场、地下公共交通转运站、地下避难硐室、地下仓储库、地下污水处理厂、地下垃圾转运站、地下集水排水系统等
近期建设设施	地下商业娱乐综合体、地下医院、地下疗养院、地下博物馆、地下体育馆、地下音乐厅、地下工业基地、地下农场、地下科研机构等
远期建设设施	深地增强型地热系统、深地抽水蓄能发电站、深地科学实验室、深地固态资源开发、智能化地下环境监控系统、地下物联网系统、地下空间智能化改造等

1. 地面设施地下化近期战略构想

近期可迁移至地下空间的设施主要包括服务于地面以上城市运行的公共设施，如综合管廊、变电站、避难设施、公交系统等；同时，在南山区等高新企业集中、土地资源匮乏地区，政府可联合企业开展地下高新技术示范基地、实训中心、以及网络服务中心；地下空间的商业开发主要集中于自动化程度高和非人员密集型产业，如地下仓储、金融中心、大数据中心等。

近期迁移至地下空间的设施评定标准主要为现有技术的成熟程度。部分世界卓越城市已实现了表中(表 4-2)的部分地面设施的地下化。比如，瑞典数个城市开始使用地下真空管道进行垃圾的统一回收处理，该系统已经在德隆市的整个街区运行(图 4-15)。

表 4-2　深圳地面设施地下化近期计划表

政府开发	政府企业联合开发	商业开发
综合管廊	高新技术示范基地、实训基地	仓库
污水处理厂	网络服务中心	大数据中心
物流运输体系	生活与工业废料封存	银行
公交转运站	供暖、供气、供水设施	金融中心
避难设施	燃料储存仓库	停车场
图书馆	种子仓库	菌类、花卉等种植农业
粮食储备仓库	核废料、医疗垃圾等特种废料储存	自动化生产线
指挥中心	地下垃圾转运	酿酒厂、酒窖
地下行人、轨道交通		商场
变电站		食品加工厂
博物馆		废旧物品回收加工厂
档案馆、数据中心		精密仪器厂
供暖、供气、供水设施		加油站
军火库		
科研实验室		
造币厂		
工程设备停车场		
燃料储存仓库		
种子仓库		
核废料、医疗垃圾等特种废料储存		
地下垃圾转运		

图 4-15　真空垃圾回收系统

地下污水处理厂以斯德哥尔摩、香港和芬兰为代表。斯德哥尔摩的 Henriksdal 污水处理厂为目前世界上最大的地下污水处理厂(图 4-16)，占地面积 30 万 m^2，日均污水处理量为 25 万 m^3；香港斯坦利地下污水处理厂日均处理来自 2.7 万人口的污水 1.2 万 m^3。

图 4-16　地下污水处理厂

网络服务和数据中心在消耗大量电能的同时产生大量热量，为此类设施降温的专用的空调系统也要消耗大量电能。地下空间温度相对稳定，同时受气候影响小，故而越来越多的网络服务中心和数据中心被迁移至地下空间。目前世界最大的地下数据中心位于芬兰赫尔辛基，该数据中利用废弃的地下煤矿储存设施存放大量的网络服务器，同时使用海水为该网络制冷，很大程度减少了电能消耗和碳排放。深圳市网络与信息企业密集，网络服务和数据中心的需求量大，同时此类企业均处于土地资源紧张地区，因而，发展地下网络服务和数据中心具有重要的现实意义。地下空间温度湿度相对稳定，有利于对温度、湿度、光线敏感物品的保存，此类设施包括图书馆、博物馆、粮食储备、种子仓库、科研实验室以及食品加工厂等。此外，地下空间密封性较地面空间好，地下空间结构强度较地面建筑高，适用于污染物以及危险品存放，可用做燃料、军火储藏储存仓库、以及核废料、医疗垃圾、生活废料处置。

2. 地面设施地下化远期战略构想

随着地下空间开发技术以及地下公共服务基础设施的完善，地下空间总量将会显著增加，开发成本大幅降低，地下空间各项设施功能完备，功能区之间联系通畅，因此，地下空间将更多以经济效益为目的，进行地面设施的地下迁移(表 4-3)。地下空间的远期开发将主要在政府规划下进行，政府投资建设项目逐渐减少，部分公共设施如医院、体育馆、音乐厅等可由政府和企业联合开发，同时地下空间可由企业投资开发房地产、物流运输中心、培训中心、体育馆、电影院等。

表 4-3 深圳地面设施地下化远期计划表

政府开发	政府企业联合开发	商业开发
垃圾焚烧厂	医院	物流与运输中心
发电厂	体育馆	特殊康养中心
抽水蓄能	音乐厅	培训中心
疗养院	发电厂	金融中心
农场	政府办公场所	运动场
自来水处理厂	地下公路系统	火葬场
水库		屠宰场
政府办公场所		游乐场
会展中心		畜牧转运中心
地下公路系统		电影院
		饭店
		汽修厂
		印刷厂
		制药厂
		卷烟厂
		水族馆
		纺织印染厂

从地下空间的长远发展来看，绝大多数地面城市设施与功能均可以迁移至地下，地下空间的利用方式从服务与地面空间运行转为相对独立的自主运行，从而真正实现地下城市。

比如，美国堪萨斯城初步实验性的发展了地下工业区(图 4-17)，堪萨斯城 SubTropolis 地下工业厂区面积 46 万 m^2，内设 11km 长的公路和数千米的铁路，为卡车装备、电子通信、医疗信息、包装、印刷等企业、以及美国邮政、美国环境保护署和美国国家档案和记录协会等政府机构提供场地。该空间能够稳定保持相对干燥的环境和 20℃左右的气温，由于不需要空调系统，进驻该地下工业区的企业的电力消耗减少最多达 70%(Steve，2010)。

图 4-17　美国堪萨斯城 SubTropolis 地下工业区

参 考 文 献

陈强, 陈桂香, 尤建新. 2006. 对地下空间灾害管理问题的探讨[J]. 地下空间与工程学报, (1): 52-55.

陈倬. 2011. 地下空间大规模开发的投融资路径选择[J]. 地下空间与工程学报(2): 5-11.

代阳, 徐苏宁. 2008. 关于提高寒地城市地下空间吸引力的思考[C]// 2008 中国城市规划年会, 杭州.
胡毅夫, 梁凤. 2015. 城市地下空间开发效益研究综述[J]. 水文地质工程地质, (4): 133-138.
康小军, 赵潇, 韩彬彬. 2015. BIM 技术在城市综合体中的实践应用[J]. 建筑设计管理, (12): 74-78.
李鹏. 2008. 面向生态城市的地下空间规划与设计研究及实践[D]. 上海: 同济大学.
刘宝琛. 1999. 综合利用城市地面及地下空间的几个问题[J]. 岩石力学与工程学报, 18(1): 109.
苏小超, 蔡浩, 郭东军, 等. 2014. BIM 技术在城市地下空间开发中的应用[J]. 解放军理工大学学报: 自然科学版, (3): 219-224.
童林旭. 2005. 地下空间与未来城市[J]. 地下空间与工程学报, 1(3): 323-328.
王明. 2016. 基于物联网的智能车库无人化远程管理系统的研究[J]. 技术与市场, (9): 51-52.
王曦. 2015. 基于功能耦合的城市地下空间规划理论及其关键技术研究[D]. 南京: 东南大学.
文闻, 李铌, 曹文. 2011. 城市触媒理论在城市发展中的运用[J].《规划师》论丛, (0): 186-188.
谢和平, 高明忠, 张茹, 等. 2017. 地下生态城市与深地生态圈战略构想及其关键技术展望[J]. 岩石力学与工程学报, 6: 1301-1313.
余灏深. 2016. 以城市触媒促进重点地区的更新与改造——以顺德德胜河南岸地区三旧改造为例[J]. 建筑工程技术与设计, doi:10.13691j.issn.2095-6630.2016.18.061.
袁海. 2002. 地下数据中心探秘[J]. 金属世界, (3): 30.
张兴文. 2006. 城市水循环经济模式与技术支持系统[D]. 大连: 大连理工大学.
朱合华, 王璇, 丁文其, 等. 2004. 上海地下空间开发利用推进机制研究[J]. 地下空间与工程学报, 24(B12): 579-584.
Steve N. 2010. SubTropolis, U. S. A[J]. Atlantic, 305(4): 20.
Kimmo Rönkä, Ritola J, Rauhala K, et al. 1998. Underground space in land-use planning[J]. Tunnelling & Underground Space Technology, 13(1): 39-49.

第5章　深圳未来地下空间时空协同发展战略构想

深圳地下空间开发和利用是解决深圳人口增长和土地紧缺的重要途径。合理开发利用地下空间，要按照时空规划、协同发展、绿色生态和智能管理四大方略，结合深圳实际，进行分区规划、分层开发、分阶段利用和协同发展，从而推动深圳未来地下空间的可持续发展。

5.1　深圳未来地下空间分区规划战略构想

5.1.1　深圳各行政区概况

深圳下辖9个行政区和1个功能区，行政区为：福田、罗湖、盐田、南山、宝安、龙岗、坪山、龙华、光明，功能区为大鹏新区。各区的面积及常住人口如表5-1所示，人口密度分布不均，其中福田人口密度达

表5-1　深圳各区面积和常住人口[①]

深圳下辖区	面积/km^2	常住人口/万人	人口密度/(人/km^2)
福田区	78.66	163.37	20769
罗湖区	78.76	103.99	13203
南山区	185.49	149.36	8052
宝安区	398.38	325.78	8178
龙岗区	387.82	238.64	6153
盐田区	74.64	24.29	3254
光明区	155.45	62.50	4021
龙华区	175.58	167.28	9527
坪山区	167.01	44.63	2672
大鹏新区	295.06	15.30	519

① 数据来源：百度百科. https://baike.baidu.com/item/%E6%B7%B1%E5%9C%B3/140588?fr=aladdin

到了 20769 人/km^2，土地资源十分紧缺，所以福田区未来地下空间的合理开发利用，可有效缓解目前福田区拥挤的状况(Chen et al.，2014)。

深圳各行政区有着各自的功能定位。福田区是深圳中心城区，深圳的行政、金融、文化、商贸和国际交往中心；罗湖区是深圳最早的建成区，经济结构以服务业为主，金融业、商贸业是两大支柱产业；南山区重点发展高新技术、教育科研、文化创意和现代物流等产业，建设世界级创新型滨海中心城区；宝安区深度参与广深科技创新走廊和国际科技产业创新中心建设，是重要的高新技术产业和先进制造业基地；龙岗区是高水平建设深圳东部中心，高新技术产业和先进制造业、物流产业及金融产业基地；盐田区依托港口、旅游、工贸、文化四大发展支柱，坚持生态优先理念，建成现代化国际化先进滨海城区；光明区力争建设现代化国际化绿色城区，打造广深科创走廊上的科学中心，建设质量型创新型智造强区；龙华区位于城市发展中轴，定位打造现代化国际化创新型中轴新城，产业结构以工业为主导、电子信息业为支柱；坪山区发展定位为深圳先进制造业东部新城，产业发展定位为先进制造业和现代服务业“双轮驱动”；大鹏新区是新成立的功能新区，深圳经济特区中的生态特区，国家级旅游业改革创新先行区。

深圳当前地下空间开发的主要形式为地下交通系统(轨道交通、地下道路)、综合管廊、地下商业(常规地下商业、地铁地下商业、纯粹地下空间商业)等。深圳各区地下空间的开发形式大同小异，各区因需而建，自行开发，被动利用，缺乏依据各区功能定位确定的地下空间战略规划，尚处于地下空间发展 1.0 阶段到 2.0 阶段的过渡时期。

5.1.2　深圳各区地下空间功能定位

地下空间资源总体控制按照“点轴发展、分区控制、分层布局”的思路，对城市地下空间按照“点、线、面”的要素实行总体布局(尹亮，2011)。结合深圳的发展情况，地下空间应逐步形成以地下轨道交通为骨干线路，以地下人行通道为纽带，以地下商业中心和公共活动中心为发展源，对地下空间进行合理布局，逐级建立地下空间的总体结构。

深圳地下空间的布局规划主要表现在以下三个方面(蔡玉军和张宇，2013)。一是依托轨道交通进行地下空间建设。地铁沿线地下空间开发将具有较大吸引力，特别是在交通节点处(图 5-1)。地铁的地下部分多集中在中心城区内，地铁车站又大都为平交路口，可结合地铁车站对地下空间进行同步规划、设计、建设和经营，建成地下轨道交通、人行通道、大型的交通枢纽等交通系统，拉动经济活力，促进交通建设，实现以地下轨道交通站点为核心的商业圈和生活圈。

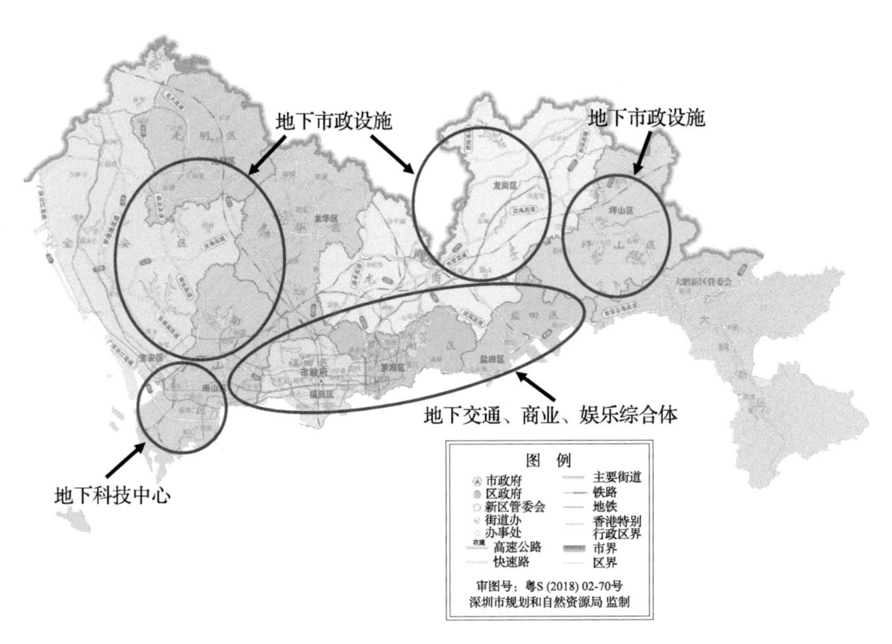

图 5-1　深圳地下空间利用规划指引示意图

二是定位各分区的主要地下功能。根据各区目前的发展状况和主要产业布局，合理定位各区的地下功能(表 5-2)。例如，罗湖区作为深圳商业中心，在进行地下空间开发时，应和地面商业中心结合，建立地上地下一体化的商业综合体，打造地下商业、金融中心。盐田区依托港口、旅游、工贸、文化四大发展支柱，应注重旅游业的发展，可以在地下建立地下公园，设置地下生态圈，建设地下生态旅游业。深圳各区应充分利用地上已有设施，有特色地开发利用地下空间，实现地上地下一体化建设。

表 5-2　深圳各区功能规划

深圳下辖区	功能规划
福田区	地下商业、金融中心
罗湖区	地下商贸业、金融、交通物流中心
南山区	地下科研教育、现代高端服务业中心
宝安区	地下先进制造业基地、地下交通枢纽
龙岗区	地下先进制造业、高新技术研发基地
盐田区	地下生态旅游业
光明区	地下科学研究中心
龙华区	地下工业基地
坪山区	地下先进智能制造业基地
大鹏新区	地下生态圈设施、地下生态旅游业

三是分区域开发地下空间。深圳现已确定福田中心区、罗湖商业中心区、华强北商业区、宝安中心区、龙华客运枢纽区、前海枢纽地区、南山商业文化中心、光明新城 8 个地区为深圳地下空间重点开发区域(陈伟新，2002)。同时可根据深圳不同区域的地质、经济、人口、交通等情况，有针对性地制定分区域开发计划。例如，在深圳北部和东部的山岭地区，大力开发岩洞，规划打造能源储存、垃圾处理、污水处理、地下水电调蓄系统等设施；在深圳中心高密度开发区域，注重地面地下空间综合开发效应，实现地下空间与地面空间开发一体化，地下空间开发应以地下交通、地下商业、地下休闲娱乐等为主；在深圳边界区域，尤其是临近香港、中山、珠海和澳门区域，地下空间开发应首先实现粤港澳大湾区快速交通和物流系统的互联互通，并逐步实现大湾区一小时交通圈。

平面各分区按与市中心距离由近至远，建设不同功能类型的地下空间开发项目，列于表 5-3。

表 5-3　深圳平面分区及功能

深圳区域划分	功能类型	拟建项目
福田区、罗湖区、南山区、宝安区	商业、休闲、教育、金融、科技	购物中心、办公室、停车场、图书馆、体育场、展览室、网络服务器、实验室、医疗机构
龙岗区北部、光明新区、大鹏新区	储藏、工业、市政	能源储存站、垃圾处理厂、发电厂、工厂和车间
盐田区、边界区域	交通、物流	轨道交通、物流中心

5.2　深圳未来地下空间分层开发战略构想

5.2.1　地下空间深度分层

就目前来看，深圳地下空间开发还仅限于浅层开发。但伴随着城市的发展以及人民生活水平的提高，现有的浅层地下空间已经显得捉襟见肘。进一步向着更深层次开发和利用，对于提升整个城市的舒适度、改善整个城市的环境具有重要意义。根据深圳的地质状况和经济发展情况，可将其地下空间按照竖向分层分为浅层、次浅层、次深层和深层(表 5-4)。同时地下空间开发过程中，要注重地下空间功能需求的差异性，不同地下空间功能需要不同，重要性也不同。所以在进行地下空间开发时，要有序开发，根据不同需求进行分阶段、分层次开发。这不仅能解决空间利用的集成度问题，而且可以通过不同深度的分层利用，加强竖向各功能层之间的相互联系和功能互补，丰富城市土地的利用。

表 5-4　深圳地下空间分层开发层次

开发层次	浅层	次浅层	次深层	深层
开发深度	20m	60m	100m	150m
开发时序	近期开发	短期开发	远期开发	未来开发

依据不同深度地层的特点以及地下空间功能定位的需求，预先在顶层高端规划地下空间分层开发利用体系。制定与完善浅层、次浅层、次深层与深层空间利用的总体规划，在不同深度依次布局不同的设施(李春，2007)。主要地下空间功能分层设置见表 5-5。

表 5-5 深圳地下空间深度功能分区设置(王曦，2015)

地下空间开发深度	人类活动特征	功能区
0～20m	活动密集	居住、步行街、旅馆、会议空间、轻型基础设施、餐饮空间、娱乐空间、特殊休闲空间、体育运动空间、教育活动、图书馆、轻型交通、停车场、文化中心、剧院、博物馆、办公空间、购物中心、有限的运输网络
20～60m	有选择性的日常活动	地铁、高速公路、街道、停车场、基础设施、自动化传输系统、冷藏、能源储存、无污染工业，仓储
60～100m	活动很少	快速运输系统、快速自动化网络传输系统、能源储存、特殊仓储、重型基础设施
100～150m	很少有人到达	能源循环带、深地抽水蓄能发电站
＞150m	极少有人到达	深地科学实验室、固态资源开发

根据城市地下空间分层的原则，地下空间按深度的开发层次一般分为浅层(0～–20m)、次浅层(–20～–60m)、次深层(–60～–100m)、深层(–100m 以下)。由于浅层具有施工和维护费用低、联系和使用方便等特点，地下空间的开发一般从浅层开始。目前我国在浅层空间已建设有商业、休闲娱乐、市政设施等功能，浅层空间已经得到一定程度的开发和利用，但对于深层的开发较少。从长远考虑来看，深部空间探索必不可少(范剑才等，2016)。因此，城市地下空间规划应在不同深度上进行相应的规划，将地下空间的发展推向新的水平，实现地下空间这一城市第二空间特有的价值。

根据各种类型地下空间的功能特性，合理布置各种类型地下空间的开发深度，科学规划各种类型地下空间的使用，有利于实现城市地下空间的可持续发展。地下空间的具体分层(图 5-2)如下：

1. ＜20m：地下交通系统及市政设施系统

这一部分是与地面联系紧密的空间，因此应承担起城市的部分地面功能。作为城市地面的补充，浅层应布置地下交通系统，用于缓解地面交通压力，改善城市交通和出行。地下空间具有不易受自然灾害影响、隔音隔震等优点，所以在地下浅层空间布置市政设施，一方面可以使地下管线规范布置、便于管理，另一方面可以更好地改善环境、美化城市。

2. 20～60m：地下公共活动空间和人防空间

地下浅层的交通和市政基础设施布置完成后，便开始向次浅层建设地下公共活动空间，例如，地下图书馆、地下商场、地下医院、地下博物馆等。现在的地下人防讲究平战结合，即平时作为城市服务空间(当前主要为地下停车场)，战时作为防灾空间，以有效利用地下空间(冯亮和冯仲文，1995)。

图 5-2　地下空间深度分层

3. 60～100m：仓储空间及地下生态圈

次深层空间与地上的联系并不紧密，但这个层次的空间影响着整个地下空间的格局，所以次深层空间在近期可以用来作为仓储空间，储备重要的战略物资，长远规划可用来构建地下生态圈，打造地下能源自循环的地下生态城市，实现地下生态城的建设。

4. ＞100m：深地科学探索及能源开采

深地空间生活资源运输困难，温度较高，不适宜人类的居住和生活，所以深地空间主要用来进行科学探索和能源开采。深地环境建设的实验室可用来研究深地岩石力学、深地地震学、深地医学等前沿科学，为人类了解深地开辟一条新的道路。深地能源储备丰富，特别是地热能。根据中投顾问发布的《2016—2020 年中国地热能行业投资分析及前景预测报告》及《中国矿产资源报告(2015)》，深部地热资源储量十分丰富，仅地壳最外层 10 公里范围内，就拥有 1254 亿 J 热量的地热能，相当于全球现产煤炭总发热量的 2000 倍。因此，深地能源开采是深地空间利用的一个重要方向。

深圳竖向层次的划分除了与地下空间功能有关外，还取决于其所处的位置、地质和地形条件，应结合实际情况进行具体规划。如在福田区和罗湖区进行竖向分层时，可适当增加地下交通和地下商业区的开发深度，最大限度地发挥其经济价值。深圳山岭地区的地下空间设置主要用于工业生产和能源储备，可为该区域预留更大的空间。

以南山区为例。南山区主要以科技和教育产业为主，人口密度高、流动量大。因而，南山区的浅层地下空间开发应以地下交通、地下商业、地下休闲娱乐等为主。地下空间由于不受气候影响，温度、湿度稳定，适用于体育设施、图书馆、展览室等占地面积大的公共设施建设。地下空间对部分病症治疗有特殊效果，地下医院比传统地面医院可控性更高，因此部分医疗设施也可以搬迁至浅层地下空间。金融和科技行业均有对网络服务器的需求，服务器等设施对电力需求大、对环境稳定性要求高，并且工作过程中产生大量热量，此类设施不需要大量人员维护，因而此类设施非常适合被安置于次浅层地下空间。南山区范围内有腾讯、华为、大疆、中兴等科技企业以及深圳大学和南方科技大学等科研型院校，研究机构需要大量场地作为实验室，其中能源、材料、生物等学科相关实验室对实验环境稳定性要求高，同时实验设备涉及高压、高温、以及辐射等危险因素，此类实验设施更适于安置在次浅层地下空间，因此南山区可在次浅层地下空间建设地下科技城。蛇口集装箱码头年吞吐量达 2500 万标箱，集装箱装运自动化程度高，可迁移至次深层地下空间。同时集装箱的陆路运输主要依靠柴油动力卡车，对高速公路周边造成大量空气、噪声污染，地下高速系统将有效隔离货车交通，在减少道路拥堵的同时改善地面生态环境。

5.2.2　深部地下空间利用

深部地下空间开发的最终目的是实现城市的更好发展，解决城市综合征等相关问题，提升城市总体水平。深部地下空间的开发利用可以分为三类(谢和平等，2018)：①深部地下空间因其独特的地理环境，很适合进行科学实验和探索，实现科学上的突破，为人类的发展提供技术上的支撑。②深部地下空间距离我们生活的地面距离较远，所以很适合进行物资的储备和垃圾废弃物的处理。一些物资和垃圾废弃物占据了生活空间，也影响了生活环境，所以将这些东西转移到地下不失为一种很好地选择。③深部地下拥有丰富地热能，地热能的利用尚处于初步阶段，我们国家对于地热能利用的研究也刚刚起步，所以今后对深地地热能的利用将为城市提供源源不断的动力。

基于深圳地理及环境条件，深部地下空间可主要用于深部科学研究，为世界创新型城市深圳的发展开辟新的道路，也能为其他城市的发展提供很好的参考模型，促进城市现代化的进程。

深圳有两个城市中心、5 个城市副中心以及 9 个组团中心。深部地下空间的开发不宜放在中心区，应建立在人口相对稀少、商业以及交通相对欠发达的区域。结合深圳的地形以及发展现状，拟确定两块地域重点开发深部地下空间，分别为坪山汤坑附近区域以及靠近大鹏湾的南部区域。

此外，结合深圳总体规划，可以在光明新区、龙岗区的北部以及大鹏新区规划现代化的地下科学城，结合地上环境和浅部地下空间，合理开发利用深部地下空间。

对于深层地下空间，深圳可以从深地科学实验室与深地空间舱以及固体资源流态化开采试验场两个方面进行开发和设计。

1. 深地科学实验室与深地空间舱

在与大鹏湾接壤的深圳南部区域，因为既靠近陆地又接近海洋，具备良好的地理环境，可建立深部科学实验室进行深地与深海科学研究。

开展深地深海科学探索和研究，涉及学科交流与和合作，应结合深地能源开采、深地医学、微生物生命能量溯源、深部岩体力学及重大工程的基础研究(如页岩气开采和利用、核废料处理、地热能开发、地震监测等)进行深地探索，充分利用深地的特殊环境，例如三高环境(高温、高压、高湿)、三无环境(无氧气、无宇宙射线、无太阳光)等，研究深地环境的特性，探索深地科学规律，总结深地基本理论，并利用深地实验室研究深地系列关键技术(谢和平等，2017)。

2. 固体资源流态化开采试验场

在坪山汤坑村附近区域，有一地下矿山，很适合进行深部固态资源的流态化开采试验研究。深地固体资源主要为一些可利用矿石。能源矿石的开采一般为直接开采，即利用工具和装备将矿石挖掘并运输到地面，这种方法对于深部矿石开采有很大的限制。对于深地资源，可以进行流态化开采，从而实现固体资源的高效开采和利用。进行流态化开采时，要突破精准导航、地质保障、低排放燃煤发电、过程控制技术以及煤炭快速液化等基础性技术，并探索深部原位流态化开采的关键技术(刘升贵等，2019)。

5.3　深圳未来地下空间分阶段利用战略构想

5.3.1　分阶段开发利用原则

地下空间的开发具有不可逆性，因此地下空间的开发应从长远考虑，制定远期规划。在远期规划的基础上，再根据开发需求设定近期规划，从而科学地把握地下空间的开发和利用。分阶段规划要满足以下原则：

1. 适度开发原则

地下空间是一种资源，所以对于地下空间的开发和利用要适度，应当结合城市发展需求，设定地下空间利用率，不应一味盲目地开发。而且地下空间的开发具有不可逆性，一旦利用将很难进行二次开发，所以地下空间需要按照适度开发的原则进行规划，在不同的时期进行不同程度的开发(郑永保等，2003)。

①适度开发，节约资源。地下空间的开发与利用价值高，但是在开发时也应当牢记其利用通常具有不可逆性。地下空间资源十分宝贵，所以在进行开发利用时应当遵循适度开发的原则，在规划时做到综合考虑、长远规划、统筹兼顾，在最大程度上发展、利用地下空间与资源。

②适度开发，坚持城市的可持续发展战略。针对不同的城市用地情况，制定相应的地下空间开发规划原则。对于市中心区或地面建筑设施不足以满足人们日常生活需要的地区，应当适当开发地下空间使其配合地上空间以满足人们正常的生活需求；对于处在城市边缘或地上设施已经足以满足人们生活需要的地区，就应当节约，甚至是暂时不开发地下空间，为以后的规划留有充分余地，避免不合理、不恰当、不充分的利用。

2. 地上地下一体化原则

城市地下空间是城市空间的重要组成部分，城市地下空间为整个城市提供服务。因此，合理规划城市地下空间需要考虑地下空间与地上空间的关系，充分发挥其特点和优势，使地上、地下空间形成一个有机整体，并为城市提供服务。进行城市地下空间规划时，应将其作为城市空间的一部分(吴铮，2013)。根据地上空间、地下空间各自的特点，综合考虑城市发展目标、城市现状、城市生态环境需求等多因素，确定科学的地下空间需求量。

地上空间和地下空间同属人类生活空间，两者在功能和形态上相辅相承、密不可分。一般来说，同一地区的地下空间较地上空间后开发，地下空间的开发也是为了缓解地面用地压力，更好地为地上服务，所以地下空间的规划要结合地上用地现状，做到地上地下一体化。在新城(如雄安新区)开发过程中，使城市的地上地下空间统一规划、同步建设、互为补充。而对于老城区则可在充分调研、分析的基础上，将地下空间开发利用中的设计元素与地面现有空间相结合，形成“1+1＞2”的良好态势(汪方震，2016)。

3. 平战结合原则

顾名思义，地下空间的建设不仅需要满足在和平时期的人们日常生活需要，还要在非和平年代满足对于战争防护的需要。

一方面，和平与发展成为我国当今时代发展的主题，国内形势较为稳定，地下空间工程的经济性日益凸显。地下空间因其地理位置、埋置深度等特性，在战争时具有良好的防护性能。因此，在进行地下空间规划时，更多的是同时赋予地下空间经济和人防两方面的功能。

另一方面，由于深埋特性与结构特点，地下空间具有抗震抗灾的能力，所以在进行地下工程的规划与修建时，常常将战时的人防功能和平时的抗震防灾结合起来，实现地下空间的平战两用。

4. 绿色生态原则

城市生态化建设已成为城市发展的主题之一，城市地下空间的开发和利用也必然要遵循绿色生态原则。城市地下空间的生态化建设指在规划中要考虑生态圈的构建，建设地下生态城市，实现地下绿色化。城市地下空间的规划则要考虑各种功能类型的地下空间占比，合理设定，从而保证地下空间的均衡利用、绿色开发。

5. 可持续发展原则

地下空间规划的目的是保证地下空间开发和利用的科学化、规范化。由于规划的标准和原则影响地下空间未来的发展，所以地下空间的规划一定要遵循可持续发展原则(周健和蔡宏英，1996)。立足近期和远期的不同需求，规划不同开发强度和不同功能类型的地下空间方案，开展时间维度下的地下空间动态规划，实现城市地下空间的可持续发展，从而更好地推动城市建设，挖掘城市发展潜力，为人类创造美好的生活空间。

5.3.2　地下空间分阶段开发利用构想

地下空间作为一种重要的自然资源，其开发利用具有不可逆性，因此要分阶段有序开发利用地下空间(何世茂和徐敏，2009)。一般而言，地下空间的开发利用程度随着时间的增大而增大，不同阶段地下空间的开发程度会有所不同，地下空间的利用率也会有所不同，所以在不同阶段设定不同空间利用率可以合理地规划地下空间未来的利用，实现地下空间的健康可持续发展。

城市地下空间的发展随着时间的变化呈现显著的演化规律。利用逻辑斯蒂方程可以模拟这个变化过程，如图 5-3 所示(程毛林，2003)。随着时间的增加，地下空间占城市总空间的比重增加，地下空间开发深度增大，地下空间从 1.0 阶段逐渐向 4.0 阶段发展。从最初的被动开发、粗放管理阶段，到未来的地下空间生态化、深层化和智能化极大发展阶段，地下空间开始逐步成为人类生活空间的一部分。分阶段开发就是要合理控制每一阶段的发展程度，不过度开发，也不保守利用，根据城市的实际需要制定长期的分阶段发展规划，严格按照该规划进行开发，从而保证地下空间的科学开发、有序利用、极大发展。

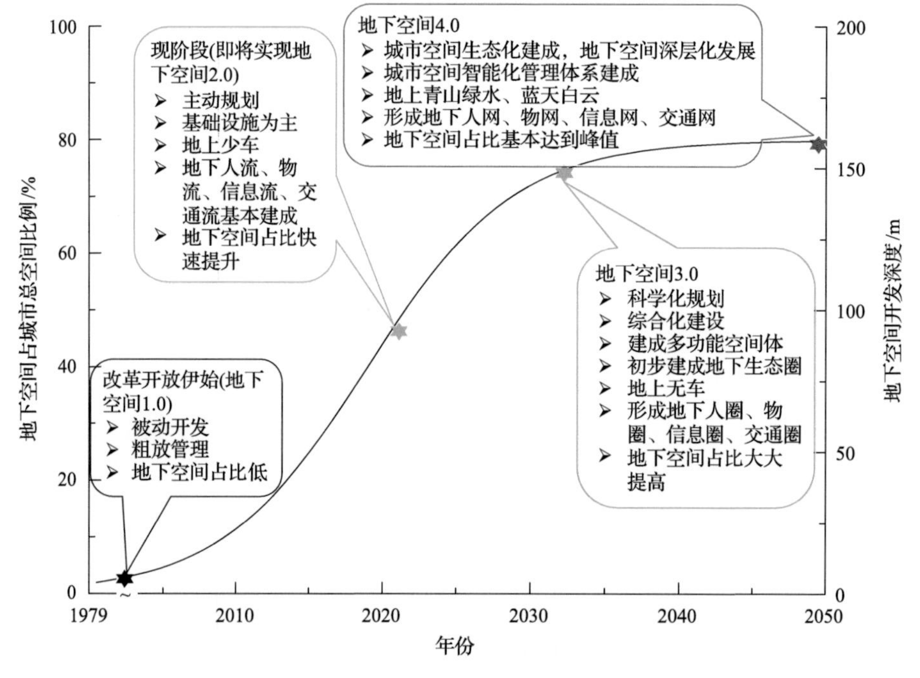

图 5-3　深圳地下空间分阶段开发利用构想

5.4　深圳未来地下空间协同发展战略构想

城市功能体是城市基本需求的综合体现，也是城市发展的主要动力，城市功能体从聚集到分散再到聚集的过程体现了城市化的发展历程。为充分满足城市化发展要求，建设多功能城市地下综合体是城市地下空间发展的必然趋势。

对于深圳而言，地面的开发和利用已经达到了一定程度，想要成为社会主义现代化强国的城市典范，就要制定合理的地下空间综合开发利用战略，地上地下相结合，从而推动深圳的综合发展。

5.4.1　地下空间协同发展概况

1. 城市地下空间主要功能

目前，城市地下空间的主要功能包括地下交通、地下商业、地下市政公用、地下文娱、地下仓储、地下防灾等。地下交通有地下轨道交通、地下快速道路、地下人行通道、地下商业街道、地下停车场等，如图 5-4 所示；地下市政公用主要有地下物流、地下综合管廊等，如图 5-5 所示；地下商业包括地下商场、地下剧院、地下餐厅等，如图 5-6 所示；地下文娱包括地下展览馆、地下博物馆、地下游泳馆、地下音乐厅、地下球场等，如图 5-7 所示。

图 5-4　地下交通　　图 5-5　市政公用

图 5-6　地下商业　　图 5-7　地下文娱

随着城市的发展，城市中心聚集程度日益提高，交通网络节点与大型商业圈往往是城市人口密集区域。这些地方对空间的功能多样性提出了更高的要求，在地下空间的开发中表现为多功能的城市地下空间综合体。

地下综合体不仅空间大小不同，而且其功能作用也存在着差异。有的负责缓解地面交通压力，有的作为地上空间的地下有机延伸，有的可以用来储存物资……另外，地下综合体还可以在战争时期为人们提供庇护所、构建城市地下综合管廊(王军等，2016)。

2. 城市地下空间基本形态

由于局部地区开发空间受限，将多种功能的地下空间进行互联互通，可以更大限度地利用地下空间，因此地下空间功能互联互通是城市未来地下空间发展的趋势和潮流。地下空间的互联互通是指科学打造地下空间的整体布局，实现将不同的城市功能科学地设计在一起，打造成为一个功能联合体。

城市地下空间的基本形态一般分为以下几种(陈志龙和伏海艳，2005)：

(1)点状。点状地下空间(图 5-8a)是城市地下空间形态的重要代表形式，它出现在城市地下空间建设的初期，因其规划简单，形态单一，所以能够承担的地下功能也比较有限，一般都是作为城市地上功能的地下延伸，如车库、人行通道等。伴随着城市经济、文化、社会公共服务的飞速发展，点状空间也在逐渐扮演着连接城市地面和地下通道的角色。

(2)线状。线状地下空间(图 5-8b)出现在点状地下空间之后，其功能是将两侧的点状空间，如车库或店商等连通在一起，形成鱼骨状的结构，这种形态的地下空间增强了点状地下空间的功能，但对于解决城市的动态交通问题来说并没有太大的意义。

(3)辐射状。辐射状地下空间(图 5-8c)多见于大型地铁车站或大型商业广场，其核心为大型的地下建筑，并在此建筑的综合影响力下，通过周围的地下连接设施形成辐射作用，从而构成一个局部的地下空间完整体，达到提升此区域综合开发的目的。

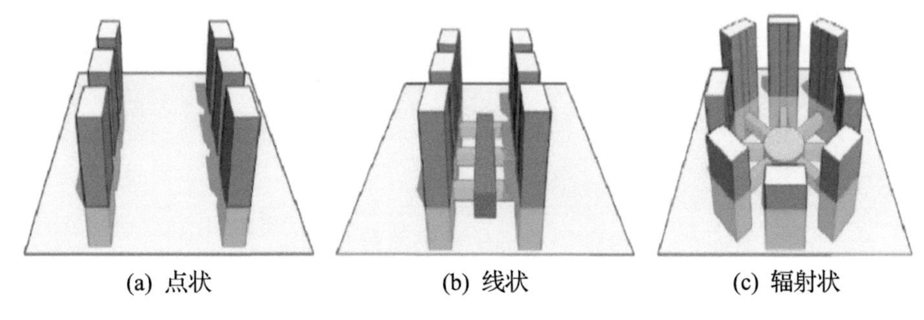

(a) 点状　(b) 线状　(c) 辐射状

图 5-8　地下空间的基本形态

(4) 网格状。网格状地下空间(图 5-9a)一般出现在城市地下空间开发利用水平较高的地区，比如规模较大的商业区、城市中心地铁换乘站等。网格状的地下空间形态标志着多个大规模的地下空间逐渐连通为一个整体，也为以后的整个城市地下空间的相互联系奠定基础，有利于最大程度的开发和利用地下空间。

(5) 网络状。网络状地下空间(图 5-9b)在地下空间的总体布局中较为常见，一般情况下，网络系统是由整个城市的地铁系统作为骨架。并且随着轨道交通系统的不断发展和完善，整个城市的各个地区也得以连通，使得地上、地下有机结合在一起，形成一个完整的地下空间系统。

(6) 立体型(地上地下一体型)。立体型结构(图 5-9c)是一个较为全面、综合、完整的地下空间系统，它的存在标志着城市地上、地下各部分的有机结合，有利于发挥各部分的功能，对实现整个城市的综合有序发展具有重大意义。

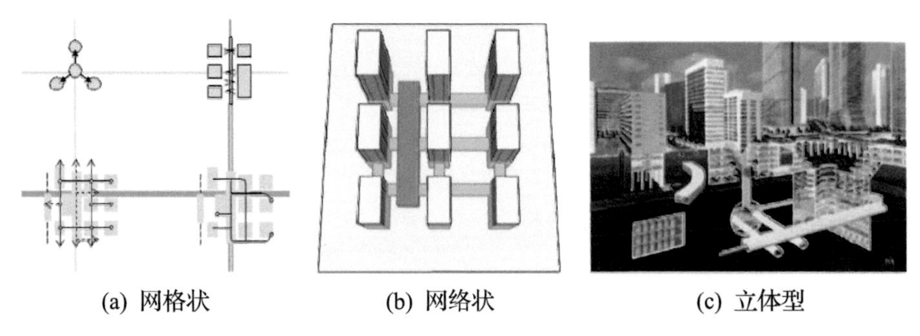

(a) 网格状　(b) 网络状　(c) 立体型

图 5-9　地下空间的基本形态

3. 城市地下空间的发展阶段和特征

结合城市地下空间开发利用的历史，其发展过程可以总结为以下几个阶段，如表 5-6 所示。

表 5-6　城市地下空间的发展阶段（王波，2013）

指标	阶段			
	初始化阶段	规模化阶段	网络化阶段	地下城阶段
功能	地下停车、地下民防	地下文化娱乐、商业等	地下轨道交通	地下综合管廊、地下排水系统
发展特征	功能单一、结构独立、规模较小	以重点项目为核心，以综合利用为原则	以地下轨道交通为骨架，以交通站点和商业中心为节点的地下网络	地下交通、地下市政、地下物流等构成城市地下生命线系统
布局	散点分布	聚点扩展	网络延伸	立体城市
综合评价	基础层次	基础与重点层次	网络化层次	系统化层次

城市地下空间的布局应与城市形态和城市的实际发展相协调，这是城市发展的基本要求。除此之外，也要充分考虑经济社会发展水平的影响，深入研究城市地下空间的开发所受到城市原有形态、空间结构、功能布局等相关因素的影响。城市规划中应根据地下空间开发的实际需求、功能类型，进行城市地下空间的总体定位和战略规划。

随着城市化的不断推进，城市地下空间开发程度会逐渐增大，当达到一定规模时，地下空间之间相互连通，从而形成一体化的地下空间综合体模式，这是地下空间发展的必然趋势，也是人类拓展城市生活空间的必然结果。因此，这些综合化地下空间在设计时必将形成更大的商业、文化、娱乐、交通、仓储、物流等功能综合空间，从而承担更多的城市功能。

5.4.2　深圳地下空间协同发展构想

深圳人口密集，地表土地空间有限，要建设“世界之都”，就需要开发和利用地下空间。地下空间的建设也不仅仅局限于传统地铁、地下商场、地下停车场等的建设，现代化的地下空间应是多功能全方位的，能够代替地面空间的大部分功能，并且结合地上部分实现地上地下一体化，从而打造以地上空间为主，地下空间协调发展的现代化城市。

1. 大规模地下空间综合体构想

大规模地下空间的设计主要是指城市地下空间的总体布局。基于城市发展模式、地上空间类型、地铁网络和大型地下空间等，城市地下空间的布局可以有不同的方案。

1) 以城市发展模式为发展方向

对于城市地下空间的发展与规划来说，城市地下空间一定要与城市本身的发展模式相呼应，这样才有利于两者的共同发展。对于发展模式为单轴带状的城市来说，其地下空间的规划也应为单轴式，这样才能使得地下空间的发展紧随地上空间的发展。但同样的，当带状发展趋于饱和时，两者的发展也会相互限制；对于多轴发展的城市来说，其地下空间的规划也应该是多轴、放射型的，全面、立体的地上、地下空间发展模式有利于整个城市在经济、生态等各方面的发展，并能为以后的发展做好铺垫，如图 5-10 所示。

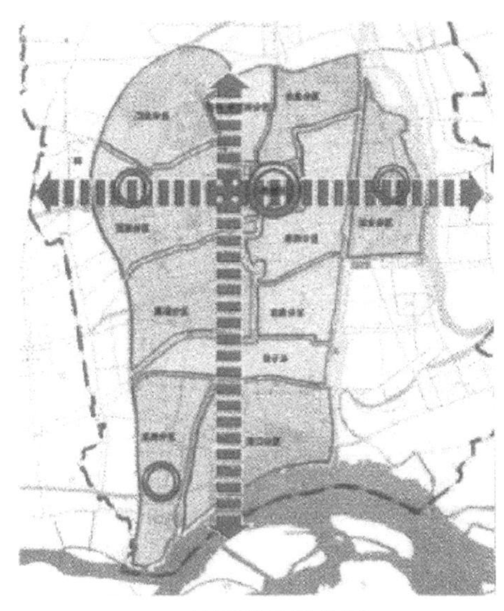

(a) 地面总体结构图

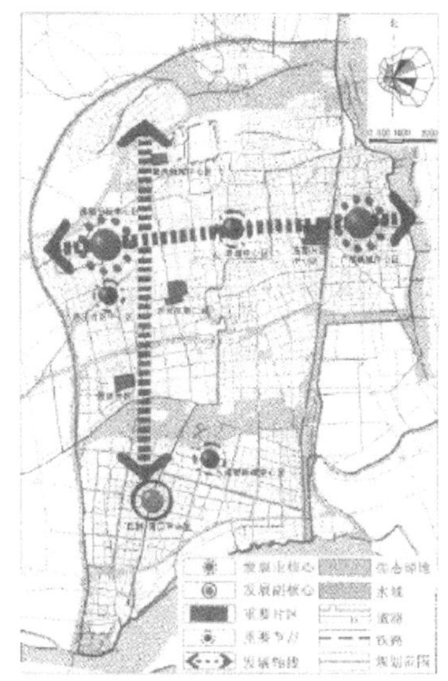

(b) 地下空间总体布局图

图 5-10　扬州主城区城市结构与地下空间总体布局(王波，2013)

2) 以地上空间类型为基础

为使地下空间规划合理统筹兼顾，必然要考虑到地上空间的类型。地下空间作为地上空间的地下延伸，其两者之间的关系密不可分，形同骨肉一般。合理的规划可以使两者相得益彰，共同获益。

3) 以地铁网络为骨架

对于一个规划合理的城市来说，地铁网络代表了整个城市的布局，并且随着城市化进程的不断推进，地铁系统扮演的角色也越来越重要。目前地铁线路的修建首要任务是解决城市内的动态交通问题，但是地铁站的修建同时也起到了辐射周边地区的作用，充分带动了周边地区的积极性，增加了局部区域的活力。因此，如果以地铁网络为骨架来规划城市地下空间的布局，是合理、可靠的。因为地铁网络的修建耗时费力，所以在实施时应充分考虑长期规划的要求，不能只顾眼前利益，要做到短期、长期统筹兼顾(邹金杰和杨其新，2005)。

当前地铁承担的主要是运输人流的作用，未来的城市地铁将承担运输人流和物流的双重功能。地下物流是为人类运送生活物资，将物流系统放到地下，不仅可加速物资运输，而且可缓解地面交通压力。深圳未来地铁系统建设完善之后，地下交通也将从客运系统转变成综合交通系统，即运输人流、物流、信息流等，将相关功能或同一类型功能的地下空间联系起来，实现地下空间之间的相互贯通、功能互补。

4) 以大型地下空间为节点

城市化进程的不断推进意味着地下空间的开发利用程度不断增加，地下空间的连接与合并成为城市发展的必然趋势。对于市区中心的地下空间来说，其发展状况较为全面，也承担着更大的经济、文化等社会功能(吴玉培，2012)。在进行地下空间规划时，应当将地铁线路的影响充分考虑在内。当规划区域被地铁线路穿越时，应将地铁车站的利用最大化，充分利用其辐射作用带动周边发展。对于一些远离市中心，没有地铁线路经过的区域，应当将地下大型商圈的利用最大化，将其作为节点，各节点之间连成一个整体，形成新的地下空间形态。

深圳地下空间的布局也要结合深圳的地理位置以及城市建设等实际情况进行布局和设计。

城市地下空间的布局以中心城区为核心，西、中、东三条发展轴，南北两条发展轴。沿发展轴布置多功能地下综合体，在中心城区附近以地下商业广场为载体，以地铁线路为依附，建设地铁、地下商场、地下车场、地下办公场所等一体化的地下综合体，沿着城市发展轴建设地下交通，加快整个城市的互联互通(黄莉和霍小平，1999)。

依据《深圳市城市建设与土地利用“十三五”规划》，将深圳进行分区，形成西部滨海分区、中部分区、东部分区、东部滨海分区和南部分区 5 个鲜明的城市分区，建立多个中心(图 5-11)。在各个中心开发特定功能的地下空间，结合地面商业、交通和公共活动空间，促进地下空间功能的实现，从而实现深圳经济与社会的发展，打造国际化创新城市。

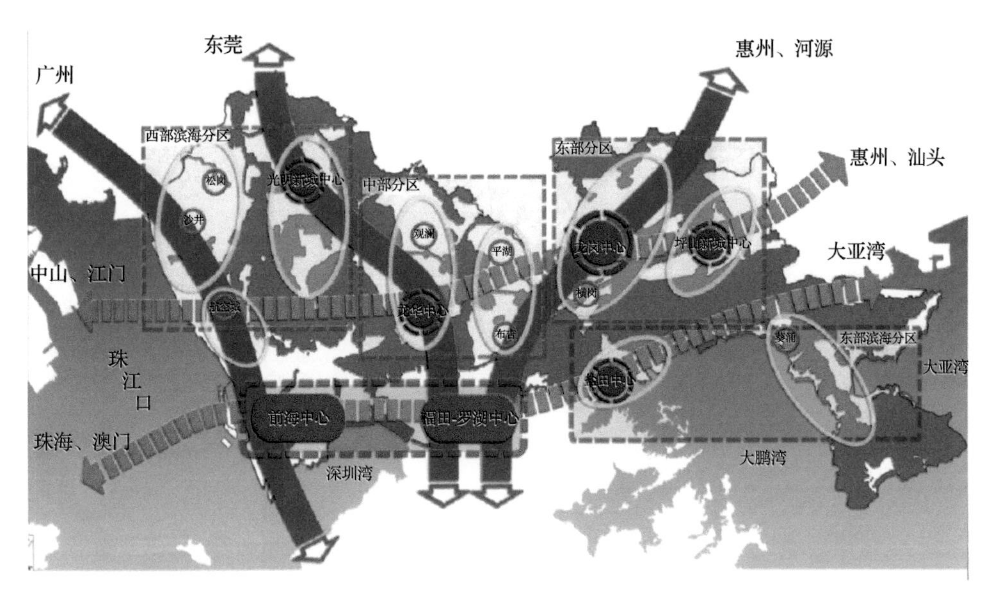

图 5-11　深圳地下空间总体布局图

在南部分区的福田-罗湖中心可重点发展交通、商业和娱乐相结合、互联互通的地下综合体。福田-罗湖中心是深圳的商业中心，流动人口多、交通压力大，目前地下空间已得到了一定的发展，但是已建的地下空间大都功能单一、连通性不够，未来可着重实现地下空间的综合协调利用与互联互通。以深圳站为例，地上及地下一层设置为火车站，地下二层为地下商业街，地下三层和四层为地铁以及地下停车场(图 5-12)，以实现分流、缓解交通以及促进城市发展的目的。

图 5-12　交通、商业和娱乐结合的地下综合体构想图

在南部分区的前海中心，可重点布置地下科技城(图 5-13)。南山区地势南低北高，地处珠江口东岸，从南向北可分为南部孤丘平地区、中部低丘台地区和北部山丘盆地区三级地形，由南向北逐级上升(何怡，2016)。南山区是深圳高新技术产业基地，2005 年高新技术产品产值达 1380 亿元。其中，具有自主知识产权的高新技术产品产值达 780 亿元，占全市的 27.6%。辖区拥有科技园、留仙洞工业园等大型高新技术园区及大批高新技术企业。所以，南山区很适合发展以科技为核心的地下科技城。地下科技城包括地下科技馆、地下博物馆、地下科学实验室等。地下空间由于其得天独厚的条件，恒温隔音，具备特殊的地质条件，而且南山区又处在深圳的科技中心，因此，在南山区建立地下科技城不仅有利于城市的总体发展，还有助于科技的进步。

图 5-13　地下科技城构想图

来源：https://baijiahao.baidu.com/s?id=1629280559168914165

2. 地上地下一体化设计

城市作为一个各方面相互依存、相互影响的有机整体，城市空间的立体化发展对增加城市的便捷性、舒适性、整体性具有重要意义。对于城市规划中的地下、地上空间来说，它们之间也存在着密不可分的联系，因此在进行地下空间设计时，要充分考虑两部分之间的联系，要具有前瞻性。地上地下空间的一体化开发一直都是我国城市规划建设的侧重点之一，并且该理念也被国际所熟知并应用。如图 5-14 所示的新加坡地下科学城，与地上的两个科学园有机地组合成一个地上地下一体化科学城。

世界卓越城市的快速发展，伴随着地下空间功能的增加，地下空间在城市发展中的作用越来越重要，尤其是地上地下空间的一体化，对于整个城市的综合发展具有重要意义。随着城市化进程的加剧，地下商业越来越普遍。据统计，全日本每天光顾地下商业街的人次达 1200 万，相当于日本总人口的 1/9。如此大规模的人流在地上地下空间之间流动，可实现交通通畅，增加经济效益，实现地上地下空间一体化所带来的经济价值。城市地下空间的开发一定程度上释放了部分地面空间，地面的

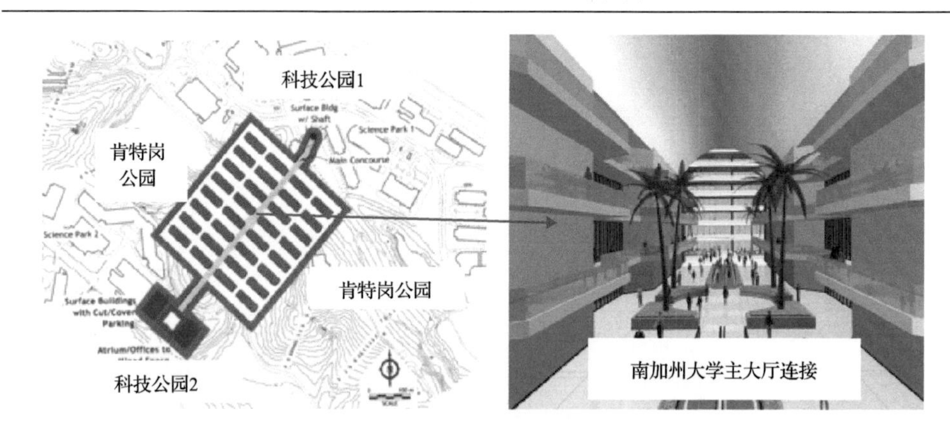

图 5-14　规划中的新加坡地下科学城连接地上原有的第一科学园

一些设施可以转移到地下，地下设施配合地面功能，在实现地上地下一体化的基础之上，既能缓解地面用地的压力，又能美化城市环境。

基于深圳的特点，地上地下一体化的建设可以从以下几个方面入手。

1) 高层建筑与地下空间相结合

近些年来，伴随着深圳的快速发展，新兴高层建筑也如雨后春笋一般出现。对于这些高层建筑来说，其规划具有高度的自由性，因此在规划时应当将地下空间的设计考虑在内。在高层建筑的周围，考虑设置地下商圈、地下轨道交通和地下停车场等，统筹安排，做到地面、地下立体互补(许江等，2004)。

2) 中心区设立地下商业街

地下商业街的设立，可有效缓解地面人流压力，促进人口流动，增加经济收入，同时也可以和地下车站相互联系，形成集换乘、休息、购物、餐饮于一体的地下商圈(陈敬军和周晓军，2005)。深圳的繁华地段具有良好的商业优势，条件得天独厚，在人口密度大、消费能力强的情况下，可与地下人防工程结合来建设地下商业街，具有极高的商业价值。

3) 地铁站周边高密度开发

地铁对提高城市的交通效率具有重大意义。首先，它身处地下，不受地面的外界环境影响，可以说是风雨无阻。其次，它的载客量巨大，班次多而准时，车厢容量大，具有高效的运输能力。地铁的线路网络可以串联起整个城市的各个角落，实现人口的流通与串联。

在经济方面，地铁车站客流量巨大，可以拉动其周围商业地区的经济增长。深圳中心区的连城新天地(图 5-15)是地铁站周边地下商业开发的经典案例。利用地铁站周边的地下空间发展商品零售业，在增强地区休闲娱乐属性的同时，可保障中心区密集客流量的有效疏散。

图 5-15　连城新天地地下商业区

4)广场绿地区域建立地下综合体

城市中的广场绿地分布在各个区域，一方面起到改善城市环境的作用，另一方面为人们的生活提供公共活动空间。在广场绿地区域进行地下综合体的开发，可以总体设计、主动开发，并且广场绿地区域地面尚处于未利用状态，地下施工简单，易于建设多功能的地下综合体。具体建设有两种区位选择：

(1)公园绿地型：使用地铁站附近的公园或绿地进行地下开发，建成地下空间，在地铁车站开通、地下空间修成之后，可以将两者紧密结合到一起，实现一体化。例如，北京西单(图 5-16)最早的改建项目在地上设置休闲活动中心，在地下设置地下商业，并且将地下停车场、地下人行通道和地下商业结合起来，建设地下综合体，实现综合开发和利用(万汉斌，2013)。

图 5-16 北京西单改造效果图

来源：http://news.sohu.com/20070406/n249236892.shtml

(2) 道路广场型：此类型的广场多为线型布局。对于繁华地区与地下空间利用率较高的区域，可以考虑将道路下方的地下空间利用起来，设置地下通道。且此类型的广场还可以连接道路两侧的高层建筑，在地下道路两侧建立地下商铺或商业街，起到缓解地面道路交通压力和拉动地下商业圈发展的效果。

参考文献

蔡玉军，张宇. 2013. 深圳地下空间规划的若干思考[J]. 当代经济，(9)：27-29.

陈敬军，周晓军. 2005. 浅谈地下商业街的环境设计[J]. 地下空间与工程学报，(1)：49-52, 69.

陈伟新. 2002. 深圳城市分区规划的作用与定位[J]. 规划师，(3)：30-33.

陈志龙，伏海艳. 2005. 城市地下空间布局与形态探讨[J]. 地下空间与工程学报，(1)：28-32, 36.

程毛林. 2003. 逻辑斯蒂曲线的几个推广模型与应用[J]. 运筹与管理，12(3)：85-88.

范剑才，赵坚，赵志业. 2016. 新加坡 NTU 深层地下空间规划探讨[J]. 地下空间与工程学报，12(3)：600-606.

冯亮，冯仲文. 1995. 城市地下空间平战结合的新台阶[J]. 地下空间与工程学报，(4)：277-284.

何世茂，徐敏. 2009. 走向有序的地下空间开发利用——法规、规划、管理三位一体的体系建设[J]. 现代城市研究，(8)：21-25.

何怡. 2016. 中心城区给水系统改造规划研究——以深圳南山区为例[D]. 西安: 西安建筑科技大学.
黄莉, 霍小平. 1999. 城市地下空间利用: 地下综合体发展模式探讨[J]. 北京建筑工程学院学报, 15(2): 89-99.
李春. 2007. 城市地下空间分层开发模式研究[D]. 上海: 同济大学.
刘升贵, 梁天, 赵怡阳, 等. 2019. 利用 L 型水平井开展煤炭资源流态化开采关键技术——典型力学问题探析[J]. 价值工程, 38(7): 79-82.
万汉斌. 2013. 城市高密度地区地下空间开发策略研究[D]. 天津: 天津大学.
汪方震. 2016. 浅谈城市地上地下空间的一体化开发与利用[J]. 低碳世界, (21): 160-161.
王波. 2013. 城市地下空间开发利用问题的探索与实践[D]. 北京: 中国地质大学(北京).
王军, 潘梁, 陈光, 等. 2016. 城市地下综合管廊建设的困境与对策分析[J]. 建筑经济, 37(7): 15-18.
王曦. 2015. 基于功能耦合的城市地下空间规划理论及其关键技术研究[D]. 南京: 东南大学.
吴玉培. 2012. 城市商业综合体地下空间交通设计研究——以昆明市官渡区融城金阶项目为例[D]. 重庆: 重庆大学.
吴铮. 2013. 城市中心区交通节点地上地下一体化设计研究[D]. 北京: 北京工业大学.
谢和平, 高明忠, 张茹, 等. 2017. 地下生态城市与深地生态圈战略构想及其关键技术展望[J]. 岩石力学与工程学报, (6): 6-18.
谢和平, 刘见中, 高明忠, 等. 2018. 特殊地下空间的开发利用[M]. 北京: 科学出版社.
许江, 汤明德, 陈萍. 2004. 地下空间开挖与高层建筑基础相互影响分析[J]. 地下空间与工程学报, 24(4): 441-444.
尹亮. 2011. 城市总体布局中地下空间开发利用研究——以长春市中心城区为例[D]. 长春: 东北师范大学.
郑永保, 刘新荣, 刘东燕, 等. 2003. 合理适度开发利用城市地下空间[J]. 土木工程与管理学报, (1): 72-75.
周健, 蔡宏英. 1996. 我国城市地下空间可持续发展初探[J]. 地下空间与工程学报, (3): 7-11.
邹金杰, 杨其新. 2005. 建设与开发城市大规模地铁车站综合体的探讨[J]. 地下空间与工程学报, (5): 24-27.
Chen J, Chang K T, Karacsonyi D, et al. 2014. Comparing urban land expansion and its driving factors in Shenzhen and Dongguan, China[J]. Habitat International, 43: 61-71.

第6章　深圳未来地下空间生态发展战略构想

城市化的进程伴随着资源的消耗以及环境的污染，城市病也越来越突出，城市生态化建设势在必行，“绿水青山就是金山银山”将成为未来城市发展的主题。城市地下空间作为整个城市系统的一部分，同样也需要贯彻城市的可持续和生态化发展理念，高效、合理地开发和利用地下空间、并实现其生态化，对于生态城市的建设具有重要意义。

深圳市致力于成为竞争力影响力卓著的创新、引领型城市，生态化地下空间的建设应成为地下空间建设的重点(黄启翔，2018)。基于生态科学技术的发展，设计绿色、环保、舒适的地下空间，并且实现对地下资源的利用，对建立完整的深地科学体系具有重要意义。

6.1　地下生态学概述

伴随着全球总人口数量的上升，地球的浅部资源已经日渐枯竭，人类面临的资源形势愈发严峻(谢和平，2011)。19 世纪的到来也伴随着百万人口大城市的出现，当人类的脚步迈入 20 世纪时，地球上出现了千万人口的大城市，而当人类进入 21 世纪时，巨型城市则出现在了世界上的一些发展中国家(朱作荣和束昱，1992)。现代城市正以超高层和摊大饼的形式发展，进而引发了污染环境、缺乏资源、堵塞交通、房价上升等城市综合征的出现，在很大程度上影响了城市的发展(谢和平等，2012)。世界上探索地下空间的城市越来越多。对于一个城市来说，它的可开发利用地下空间资源量一般是城市总面积的四成(童林旭，2005)，综合、合理地利用地下空间对于一个城市的可持续发展具有重要意义。地下空间的综合利用也引起了国际上相关专家与组织的重视，日本东京于 1991 年举办的第四届国际地下空间大会(Associated Research Centers for the Urban Underground Space，ACUUS）《东京宣言》认为：19 世纪是桥的世纪，20 世纪是高层建筑的世纪，21 世纪是开发利用地下空间的世纪（Wang et al.，2013）。

地下生态学是地下空间开发利用的支撑学科之一，也是自 20 世纪 90 年代以来新兴的一门学科，目前主要研究内容侧重于对根系生态、地下动植物与微生物的多样性和地上生态系统与地下生态系统之间关系的研究。

对于根系生态的研究，目前地下生态学主要研究根系的不同形态、根系在地下的分布、根系构型和细根的周转过程（Schlesinger，1997）这四个方面。根系在整个生态系统中起到了为系统提供生产力的作用，因此过去的生态学在一定程度上关注了根系，但目前生态学家对于根系对生态系统的贡献程度仍然存在着许多尚未解决的问题。生态学家对于根系的研究也存在着一定的难度，主要在于不同植物和年龄的根系难以区分、难以分辨出活根和死根（Wang et al.，1995）、监测根系周转的手段落后和无法有效评估细根的生理生态过程（黄建辉等，1999）这四个部分。

地下生物多样性研究是地下生态学的另一重要研究方向。之前的生物多样性研究基本集中在地面以上（Loreau et al.，2001），而后土壤生物的多样性成了生态学专家的热门讨论话题（Hooper et al.，2000）。从地球上生物的种类和发展历程来看，无脊椎动物是地球上物种数目最多的生物，而它们中大多数物种的生命周期某阶段是在地下度过的（Wardle，2002）。地下生物不仅数目庞大，而且种类繁多，因其处于地下，所以对其生物多样性的评测还存在着一定的难度。但相关研究显示，对地下生物多样性的研究有助于探究土壤生物多样性与地面以上植物多样性之间的关系（贺金生等，2003）。

探究地上、地下生态系统之间的关联，是地下生态学发展的必然要求。地上和地下的生态系统并非两个相互分割的部分，它们通过生产者、消费者和分解者有机结合到一起。地上部分的生产者为整个系统提供能量，而地下部分的分解者通过分解作用来实现元素的周转，使得整个生态系统得以平稳运行。现有研究表明，土壤生物会在功能、结构以及过程上影响地上生态系统(Farrar et al.，2003；van der Putten，2003),其表现为：通过分解者和其他生物之间的相互影响来促进植物的生长、元素的周转和养分的生产(Schlesinger，1997；Read and Perez-Moreno，2003)；土壤生物的分布、体型和地下食物链结构会影响植物的生长；具有对地下环境改造作用的土壤生物可以影响地上群落的物种构成(Chauvel et al.，1999；Lavelle，2002)。

6.2　深圳未来地下空间生态化战略构想

地下空间的生态化发展理念，主要指的是在地下空间开发利用过程中注重地下空间建设与生态环境保护之间的关系，从高瞻远瞩、统领全局的角度进行开发利用。地下空间生态化地利用需要区别于传统观念，向更深层次的空间进行开发，将模拟阳光引到深地空间中去，并在此空间内建立深地地热转换与空气循环系统、地下储能与水电调蓄系统、地下水库及地下生态植被系统、地下通信网络和立体交通网络，使其形成独立的深地自循环生态系统，构建深地生态圈和新型地下生态城市。具体构想有：

①深地生态圈。在空间内模拟光照、水资源、大气、植被和农作物等构成深地生态圈，调节深地空间内的温度、湿度与气候环境。②深地多元能源生成及循环体系。探索深地增强型地热转换与储存、深地高落差势能水库(蓄能调节)及深地核反应电站的多元能源生成、蓄能、调节与自循环系统。③深地废料(气)无害化处理与存储系统。完善空气净化、污水治理、二氧化碳捕捉、废物存储、垃圾绿色处理系统，实现深地生态循环的自平衡。④深地战略资源存储。在深地空间中建立水库、油库、种子库、粮仓和深地信息、数据中心等设施，合理利用其在温度、湿度上的恒定性与在结构上的稳定性，在能源和信息安全等方面全面保障整个系统的平稳运行。

深圳市的地下空间建设也要考虑到生态层次的建设。结合深圳特点，深圳市的生态地下空间建设主要基于地下物质的自循环和地下能量的自循环角度，创造地下美好环境，以及实现地下清洁能源的利用。进而通过地下地上的有机结合，实现综合生态圈的一体化建设。

基于地下生态城市的颠覆性建设构想，提出“2025 基础研究、2035 技术攻关、2050 集成示范”的战略实施路线，即：①2016～2025 年，深地能量源(人造太阳、地热)、地下生态圈生命元素循环规律、地下生态圈岩石土质化的生物与地球化学过程、深地多元能源生成及循环体系等基础研究阶段。②2026～2035 年，地下生态圈陆地生态系统构建与演替规律、地下生态圈湿地生态系统构建与演替规律、地下生态圈水平衡及自净规律、深地废料(气)无害化处理与存储系统等技术攻关阶段。③2036～2050 年，深地生态圈集成示范，建立集深地生态圈、深地多元能源生成及循环体系、深地废料(气)无害化处理与存储系统于一体的自平衡多层地下生态城市示范区(谢和平等，2017b)。

6.2.1　生态地下空间的物质自循环建设

地下空间的物质自循环主要指的是通过将空气、阳光、水以及生态植被等条件引入地下，使地下的清洁资源和水资源得到利用，创造深地多元能源生成、循环体系，构建深地废料(气)无害化处理与存储系统，实现地下城市的水、电、气、暖自供自足。另外人类生存所必需的物质与元素(碳、氮、氧、水分等)的地下生态自循环建设也是地下生态建设的关键环节(谢和平等，2018)。

1. 地下阳光

阳光生物链中能量的源头，它的作用没有任何一个物质可以代替。实现途径包括：①通过稳态磁约束聚变技术来实现地下人造太阳的建设；②采用大气物理学中的瑞利散射原理，模拟阳光的生成过程；③采用“远程天窗”和突破光纤技术在地下引入阳光，并且将植物光合作用所需要的波长进行保留，构成零紫外线友好型环境，促进地下植物的生长，如位于纽约曼哈顿下东区德莱塞伊大街的电车站(图 6-1)；④利用LED 充当光源进行光合作用，例如位于伦敦地铁北线克拉珀姆北站的地下隧道内的地下农场。通过对 LED 光的调整，可以达成对微气候、温度等多方面的调节，也可以模拟自然界的昼夜变化，对于建设绿色环保型的地下科学阳光城市具有重要意义。同时，也可以在地下人工模拟环境中调整光照、声音、温度等变量，探究这些因素对于地下植被系统光合作用的影响，从而为建立深地空间中农作物产品-植物工厂机制提供依据。

图 6-1　地下模拟阳光(周珏琳，2015)

就深圳而言，部分地铁站可以利用 LED 充当光源，并在站点的附近建立地下农场，不仅可为来往的人们提供新鲜空气，还可以提供绿色舒适的环境。在深圳的道路上，可以利用采光罩来给地下空间提供阳光和能量，在地面道路的中间的离带中设置采光罩(图 6-2)，就可以将光源带到地下，创造让人们感受到舒适健康的环境。

2. 空气自循环

在各铁站、地下商圈等区域，由管网从地面向地下输送一定体积的洁净空气，组成地下空气成分智能调控系统，并通过人工干预和植物光合作用吸收 CO_2 来智能地调整、平衡地下空气成分(O_2、CO_2、N_2 等)，

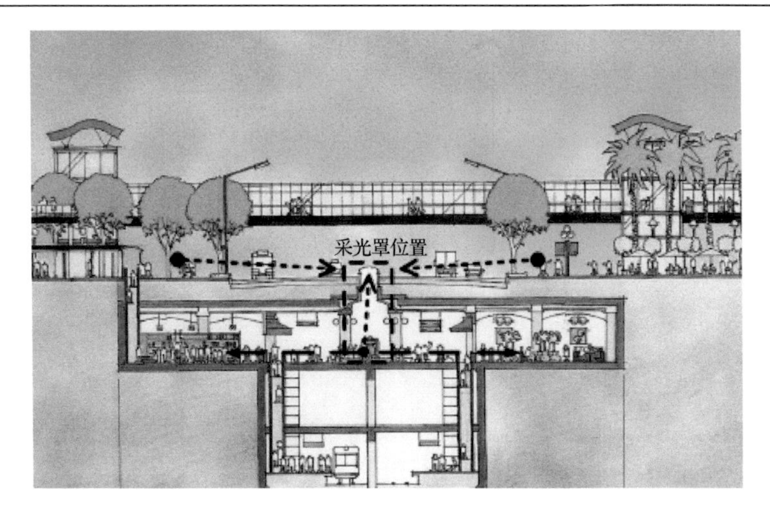

图 6-2　路面采光罩示意图

最终再将地下空间中的废气通过管网输送到郊区的绿色植被区，达到平衡地下空间各气体比例的效果。在地下空间的生态建设中，可以引入绿色植被、微生物和农场，通过光合作用来消耗地下空间的 CO_2 气体，调节地下空间中 CO_2 和 O_2 的比例，从而达成碳、氧元素之间的动态平衡（图 6-3），进而将深圳市郊区的良好环境带入市区，实现地上地下以及市内市外的空气流动。

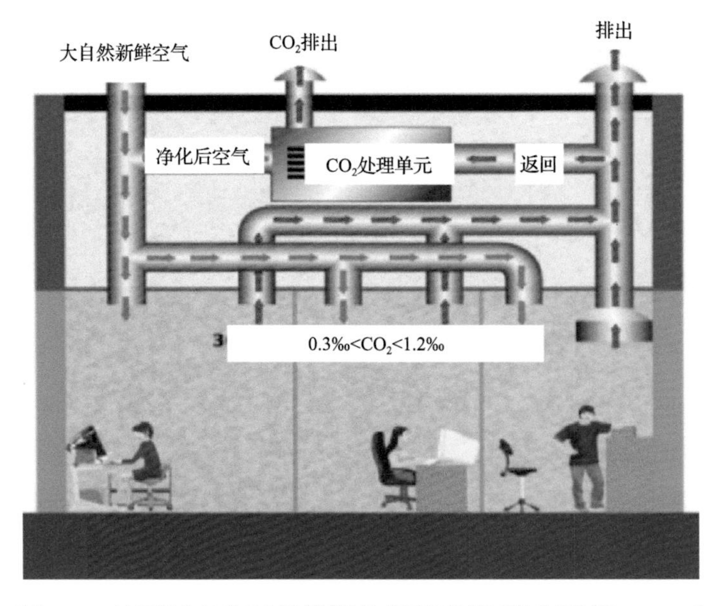

图 6-3　地下城市空气智能调控循环系统（谢和平等，2017）

3. 水自循环

首先，在时空特征方面对深圳市的水质、水量和圈层水位进行全面的调查，计算各个圈层中的自净容量，分析在深地圈层中的排泄与水源补给之间的动态平衡关系，建立水平衡的模型，评测深地层水在人为扰动下的短暂的正负均衡规律(图 6-4)。其次，可设立地下抽水蓄能电站，提升地下水或收集地表雨水至抽水蓄能电站的蓄水库，通过水头差来实现水力发电，发电之后的水可以运输到居民区或者绿化区进行灌溉。此项技术不仅可以达到电能调蓄和地下水调蓄的作用，还可以推动深圳市的现代化创新城市的建设。最后，构建湿地生态系统，灌溉绿色植被，使湿地蓄水、净化功能得到充分的利用，实现地下洁净水自循环。

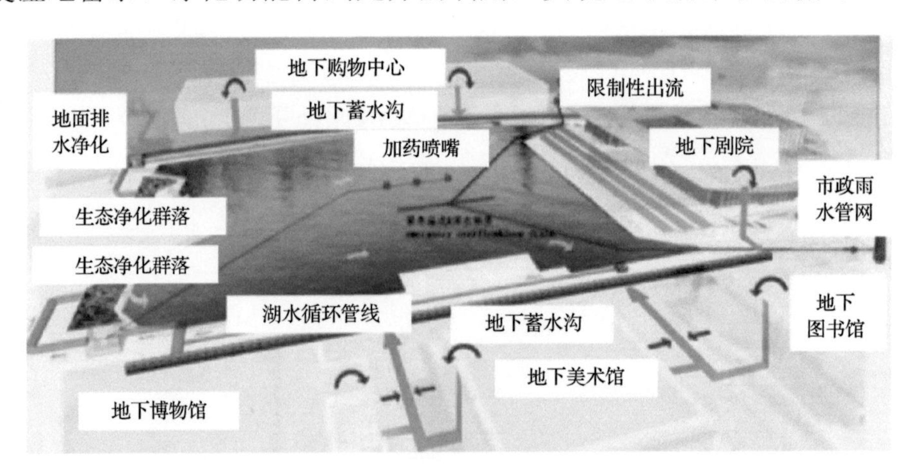

图 6-4　地下城市洁净水自循环系统(沈磊等，2013)

4. 地下生态植物构建

对于一个完整的生态圈而言，生产者在其能量循环过程扮演着不可或缺的角色。对于地下生态圈来说，生产者的作用同样不可小觑，生态植被生产系统的建立对于地下生态空间的建设具有重要意义。对于深圳市深地岩石圈，应首先研究有关岩石的土质化理论，揭示先锋生物膜侵蚀成土机制，然后寻找可在深地环境条件(光照、温度、湿度)中健康成长的植被。通过系统地考察植被与外界环境之间在物质和能量上的交换过程与循环机理，来揭示两者之间的相互作用关系(张佳华和姚凤梅，2000)。还应在研究深部地下空间中植被系统的构建、发展、演变过程的基础上，探究植被生态系统和水土保持之间的相互关系，最终建立起一个完整的、可靠的、可持续的植被生态系统。图 6-5 为地下绿色空间概念图。通过前期的调研，可以将生态植被集中布置在中心区地铁站点以及地下综合体的附近，这样不仅可以改善中心区地上地下的环境，而且可以实现深圳的生态建设(谢和平等，2017b)。

图 6-5　地下绿色空间概念图(冯潇，2013)

6.2.2　生态地下空间的能量自循环利用

地下空间的能量自循环主要是指太阳能的循环和地下清洁能源的利用，地下清洁能源利用在这里主要有两条途径，一是地热能的利用，二是利用深地高落差势能进行水力发电。

1. 太阳能的循环

在中心区的道路中央布置采光罩，将阳光引入地下空间，可以实现太阳能的充分利用。在一些地下农场，太阳光无法直接引入，可以利用人造太阳技术(图 6-6)，产生能与太阳光相类似的光源，从而促进地下作物的生长，使得太阳能既可以来源于地面也可以来源于地下，达到太阳能循环使用的效果。

图 6-6　人造太阳技术

来源：EAST 装置简介. 自然杂志, 2018, 40(2): 76

2. 地热能的利用

深层空间蕴含着及其丰富的地热能源，在环城区域和人口密度较少的地区开发地热能，常规地温梯度一般达到(2～3℃)/100m(谢和平等，2015)。对于地热能的开发，可以以目前的干热岩发电技术为基础，引入增强型地热系统(图 6-7)，在注入井的帮助下，循环水实现在岩体的

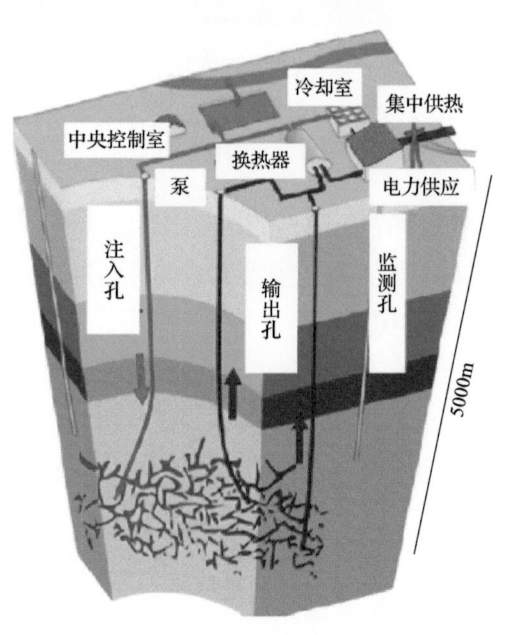

图 6-7　增强型地热系统(Panel, 2006)

裂隙中流通并加热，加热后的水通过生产井回收，形成一个热水型地热循环闭式回路(王晓星等，2012)。深地增强型地热具有资源丰富、持续性好、可靠性高、价格较低等显著优势。

3. 深地水资源的利用

深地水资源也是清洁能源的一部分，利用深地水资源进行发电或蓄能调节是构建生态地下空间的重要技术，目前国际上主要是利用废弃矿井进行高落差地下水库发电系统的创建。

深地高落差型抽水蓄能发电系统(图 6-8)的工作原理主要是，地面与地下空间存在着一定的高度差，这也就意味着其蕴含着巨大的水能资源。抽水蓄能发电站的修建可以将地下水在电能多余时抽取到更高位置的蓄水池，在高峰时期上库水自然落下，转动发电机产生电能，并将其输送回电网。

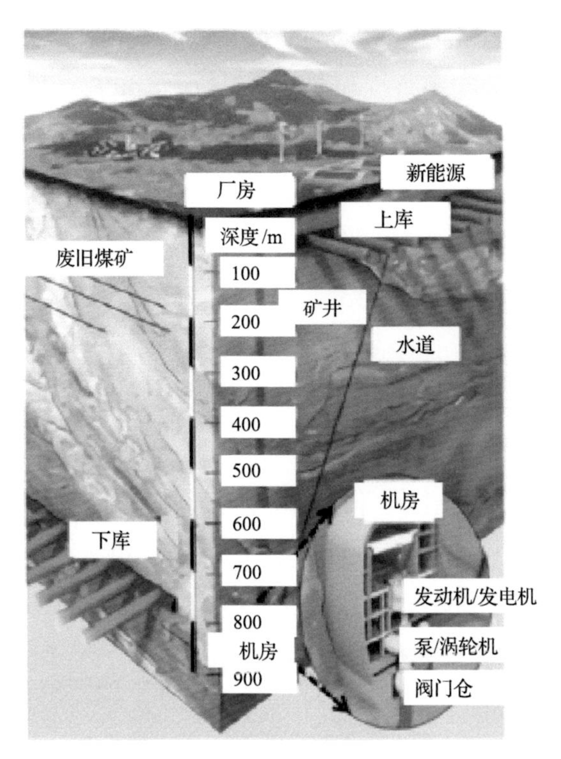

图 6-8　深地高落差型抽水蓄能发电系统(谢和平等，2015)

实现深地空间的储水、蓄能、发电，将可再生水力资源的利用达到最大化，可解决地下生态城市的能源供给问题(谢和平，2017)。

6.2.3 城市地上地下生态圈的一体化设计

地上地下生态圈的建设是城市化发展到一定阶段的产物，地上部分可以实现自循环，地下空间同样也能实现自循环，两者相互结合可以使物质的循环和转化效率提高，也可以提高能源的利用率，对促进绿色城市的建设具有重要意义。

地下空间的规划要注重在水平向和纵向的统一，在布局时应当对其进行立体化考虑。在纵向上应当实现连接通道、出入口、换气系统和交通枢纽在地上地下的协调配合，在水平向上应当注重地下的给排水、地铁交通、垃圾存储和处理、综合管廊等系统的整体化、空间化设计，并且还应统筹兼顾，具有前瞻性。地下公共空间、地下交通空间、地下市政基础设施空间的水平规划建设要充分考虑区域地质、水文条件以及原有巷道、构建物条件，确定布局、走向或者循环系统(谢和平等，2017a)。

自然生态圈中，生产者为生态系统中的各种生物提供物质能量；消费者为生态系统中的物质循环和流动提供主要动力；分解者促进动植物遗体中的有机物进行分解，供给生态系统中的其他生物再利用。生产者、消费者和分解者分布于整个生态系统中，但生产者和消费者主要分布在地上，分解者主要分布在地下土壤中，这就使得地上地下可以很好地联通起来，成为一个一体化的生态圈。

为了更好地实现地上地下一体化生态圈建设，可以在地下空间中设立地下农场、地下公园等，使地下空间能够更高效地进行物质循环。在地下空间中建立地下街道以及地下城，不仅可以实现地下空间的物质自循环，还可以便利人们的生活，地上地下一体化生态圈的设计应基于地上和地下空间功能的布置，合理进行搭配，实现物质快速循环(图 6-9)。

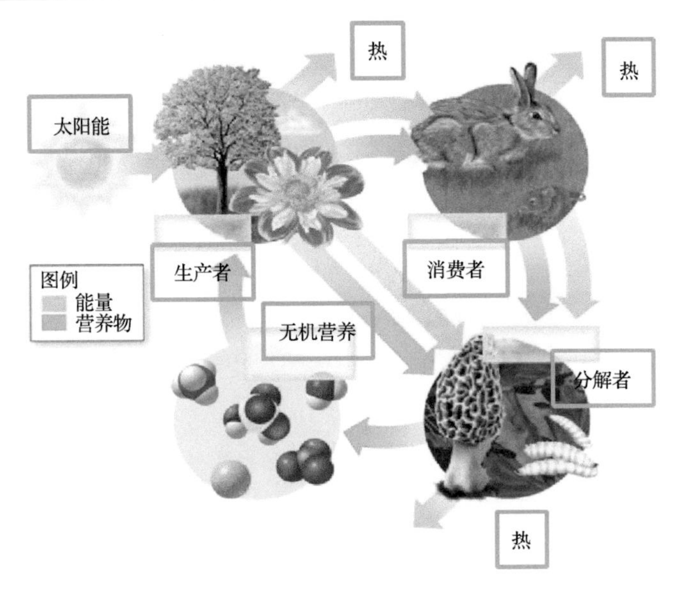

图6-9　自然生态圈

结合深圳市具体情况，并基于生产者和消费者的关系，可设计以下两种地上地下结合的一体化生态圈布局形式。

1. 地上生产者-地下消费者

地上生产者-地下消费者型生态圈(图 6-10)，该生态圈主要是在地

图6-10　地上生产者-地下消费者型生态圈

上种植植物或者建设公园，而地下作为地下商业区，这样地下产生的 CO_2 排放到地面，地面上的植物可以吸收，然后释放 O_2 并通往地下。完整的地上生产者-地下消费者型生态圈可以实现地上与地下的空气循环，不仅能改善地面环境，还可优化地下生活空间。地上生产者-地下消费者型生态圈的形式适合布置在城市副中心以及远离中心区的地铁站附近，因其沿线与市中心有一定的距离，故不会因地上布置大面积绿化区而影响商业的发展。

出于最大程度上结合景观设计和利用绿地空间的考虑，地面绿地可以通过立体叠合的方式与地下空间实现一体化设计，并且地面绿地还可为地下空间提供顶部的自然光照。除了立体叠合，两者还可以通过并置的方式来相互影响、相互渗透。例如，在无锡市地铁 1 号线胜利门站的规划设计(图 6-11)中，将原本处于孤立状态的胜利门交通环岛绿地与地下公共空间进行整合，实现了公共交通与商业休闲的有机融合；依托绿地东侧的新地铁站建设，充分发掘和利用原有三角形绿地的地下空间，将附近的人行街道网络与地铁车站连接成一个有机整体，并在对地形充分分析的基础上，建成了绿地、流水、商业街相互衬托的下沉式庭院，胜利门地铁站站获得了“城市绿洲”的美誉(卢济威和陈泳，2012)。

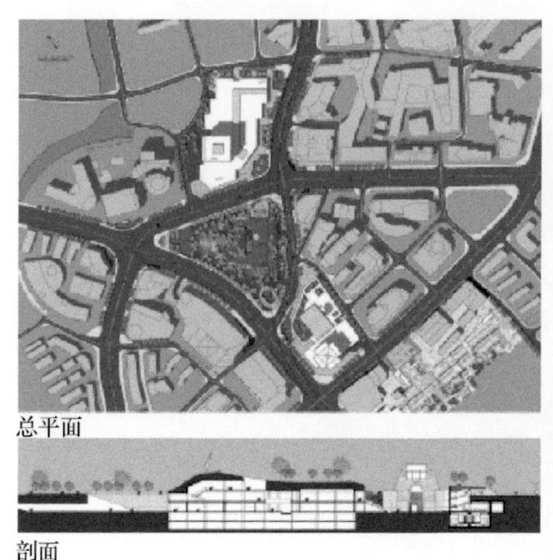

图 6-11　无锡地铁 1 号线胜利门站区域设计图(卢济威和杨春侠，2015)

2. 地上消费者-地下生产者

地下农业种植区是地上消费者-地下生产者型生态圈(图 6-12)构建的主要部分，地下农作物一方面将 CO_2 转换成 O_2，另一方面为人们提供粮食，其光合作用所需光照可以来自于人工模拟的太阳，依据不同种类农作物的生长习性，选择最适合的光谱，保证地下农作物的健康成长。地下生产者建设主要包含以下几个关键技术：

(1) 地下农作物区建设关键技术。太阳光对于农作物来说至关重要，不同波长、频率的光照对不同植物的作用、影响效果不同，探究植被所需要的最适宜光照并形成智能干预技术对探究其生长、演化机制具有重要意义。

(2) 地下湿地生态系统构建技术。深部地下空间具有恒温、恒湿、微生物丰富等特点，地下湿地生态系统的建立需要选择合适的生产者、消费者和分解者，从而与人工引入的光照和空气构成整个生态系统。

(3) 地下土壤及岩石土质化的生物与地球化学智能转换技术。其主要是研究深地岩石层在先锋生物膜侵蚀下的成土机理和过程化学机制，实现深地岩石的土质化和微生物活化，使之适合深地农作物培育和生长(谢和平等，2017b)。

图 6-12　地上消费者-地下生产者型生态圈

地上消费者-地下生产者生态圈适合布置在中心区区域，不仅可以改善地上居民的生活环境，还可以实现地下空间的生态化建设。但这种形式的生态圈在中心区无法大面积建设，否则会在一定程度上阻碍城市的发展。

6.3 深圳未来地下空间生态构建关键技术

地下生态城市是一个比较封闭的环境，它构建的核心在于创造一个能够独立完成能量自循环的生态圈。因此，构建地下生态城市需突破深地生态圈、深地多元能源生成及循环体系、深地废料(气)无害化处理与存储系统等关键技术，实现深地大气循环、能源供应、生态重构，可确保地下生态城市安全可持续运行(谢和平等，2018)。

6.3.1 深地生态圈技术

生态学一百多年主要是在地面上进行研究和探索，地下的生态学直到九十年代后期才出现，但是它成了生态学在21世纪的重要发展方向。深地生态圈的构想建立在地下生态学发展的基础之上，它包含了外在环境、分解者、消费者和生产者这几个相互依存、相互影响的生态圈组成部分。能量的自循环系统、光照系统、水资源系统、洁净空气系统以及生态植被系统的建立是深地生态圈构建的关键。建立深地生态圈，应当首先在地面以下一百米左右的位置成立试验场，用来探明：圈内生物总量和能量源之间的联系；地下生态系统中的氧、氮、碳元素的循环机制；深地生态圈的湿地生态系统的构成与其演替规律；深地生态圈的水资源自净和自平衡能力；深地生态圈的岩石土质化理论。

6.3.2 深地多元清洁能源生成、调蓄和循环技术

深地空间包含多种清洁能源，而地下生态城市的构建需要考虑能源的自平衡技术，所以可以通过研究微生物发电技术、高落差地下水库(蓄能调节)和水力发电技术、增强型地热转换和存储技术来形成一个完整的深地多元清洁能源生成、调蓄和循环技术体系。在深部地下空间中，还可以利用微生物代谢产生氢气、甲烷等可燃烧气体的特性进行微生物

发电，凸显其清洁生物质能的优势，不仅可为地下空间提供能量，还可促进氢、碳、氧元素的循环，构造出一个完整的、绿色的、自循环的生态系统。

6.3.3　深地废料无害化处理、转化利用及永久处置技术

人类的生活水平随着城市化的不断加深而逐渐提高，垃圾堆积、水体污染、空气污染等严重环境问题也逐渐暴露出来。作为地上城市的地下延伸，地下生态城也面临着同样的问题，相比于地上城市来说，由于地下城市的位置特性，其生态圈范围更小，所以它处理各种环境问题的能力就更加脆弱，而深地废料无害化处理、转化利用及永久处置技术可在一定程度上减少地下生态城市排放所带来的生态损害。按照废弃物的状态进行分类，地下生态城市的废弃物可以分为固、液、气三类，应根据其状态来决定处理方法。

在对固体废料处理时，借鉴外国的先进处理经验，执行严格的垃圾分类制度。在进行可回收垃圾的回收工作时，应当由专业部门进行操作；在处理不可回收垃圾时可采用堆肥处理、封闭式高温处理、深地填埋处理等措施。对于液体废料，应将地下污水处理站的利用达到最大化，通过污水管道收集所有的地下渗水和液体废料，并且在经过预处理、二级处理以及污泥处理等步骤之后，使水质达到循环利用的标准，实现新一轮的循环利用。在废弃气体进行回收时，通过二氧化碳捕捉和转换，完成 CO_2 到 O_2 这一循环过程。同时通过空气收集与净化系统，过滤、净化、平衡地下空间内各组分气体，保证在地下空间的气体时常保持清新、纯净。深地废料无害化处理、转化利用及永久处置技术的终极目标是实现深地生态城市的供需自平衡(谢和平等，2017b)。

参 考 文 献

冯潇. 2013. 低线公园畅想开启未来地下绿色空间[J]. 风景园林, (2): 68-71.
贺金生, 方精云, 马克平, 等. 2003. 生物多样性与生态系统生产力: 为什么野外观测和受控实验结果不一致?[J]. 植物生态学报, 27 (6): 835-844.

黄建辉, 韩兴国, 陈灵芝. 1999. 森林生态系统根系生物量研究进展[J]. 生态学报, 19: 270-277.

黄启翔. 2018. 腹地拓展视野下的城市对外通道规划方法探讨——以深圳为例[C]. 2018 中国城市交通规划年会. 青岛.

卢济威, 陈泳. 2012. 地下与地上一体化设计——地下空间有效发展的策略[J]. 上海交通大学学报, 46(1): 1-6.

卢济威, 杨春侠. 2015. 塑造自然生态景观型的交通站区——无锡轨道交通 1 号线胜利门站地区城市设计[J]. 上海城市规划, (4): 97-100, 112.

沈磊, 李津莉, 侯勇军, 等. 2013. 整体的把控本质的追求-天津文化中心规划设计实践与思考[J]. 建筑学报, (6): 70-75.

童林旭. 2005. 地下空间与未来城市[J]. 地下空间与工程学报, 1(3): 323-328.

李晓红, 王宏图, 杨春和, 等. 2005. 城市地下空间开发利用问题的探讨[J]. 地下空间与工程学报, (3): 319-322, 328.

王晓星, 吴能友, 苏正. 2012. 增强型地热系统开发技术研究进展[J]. 地球物理学进展, 27(1): 15-22.

谢和平. 2011. 创新低碳技术推进城市绿色发展[J]. 中国城市经济, (10): 21-22.

谢和平, 周宏伟, 薛东杰, 等. 2012. 煤炭深部开采与极限开采深度的研究与思考[J]. 煤炭学报, 37(4): 535-542.

谢和平, 高峰, 鞠杨. 2015. 深地岩体力学研究与探索[J]. 岩石力学与工程学报, 34(11): 2161-2177.

谢和平, 高明忠, 高峰, 等. 2017a. 关停矿井转型升级战略构想与关键技术[J]. 煤炭学报, 42(6): 1355-1365.

谢和平, 高明忠, 张茹, 等. 2017b. 地下生态城市与深地生态圈战略构想及其关键技术展望[J]. 岩石力学与工程学报, 36(6): 1301-1313.

谢和平, 高明忠, 刘见中, 等. 2018. 煤矿地下空间容量估算及开发利用研究[J]. 煤炭学报, 43(6): 1487-1503.

张佳华, 姚凤梅. 2000. 陆地表面复杂过程中植物生态系统的作用[J]. 水土保持学报, 14(4): 55-59.

周珏琳. 2015. 纽约地下公园实验室向公众开放[J]. 风景园林, (12): 13.

朱作荣, 束昱. 1992. 关于城市地下空间利用的东京宣言[J]. 地下空间, 12(1): 64-65.

Chauvel A, Grimaldi M, Barros E, et al. 1999. Pasture damage by an Amazonian earthworm[J]. Nature, 398: 32-33.

Farrar J, Hawes M, Jones D, et al. 2003. How roots control the flux of carbon to the rhizosphere[J]. Ecology, 84: 827-837.

Hooper D U, Bignell D E, Brown V K, et al. Interactions between aboveground and belowground biodiversity in terrestrialecosystems[J]. BioScience, 2000, 50: 1049-1061.

Lavelle P. 2002. Fuctional domains in soils[J]. Ecological Research, 17(4): 441-450.

Loreau M, Naeem S, Inchausti P, et al. 2001. Biodiversity and ecosystemfunctioning: current knowledge and future challenges[J]. Science, 294: 804-808.

Panel M L. 2006. The future of geothermal energy: impact of enhanced geothermal systems(EGS) on the United States in the 21st century[J]. Geothermics, 17(5): 881-882.

Read D J, Perez-Moreno J. 2003. Mycorrhizas and nutrient cycling inecosystems-a journey towards relevance[J]? New Phytol, 157: 475-492.

Schlesinger W H. 1997. Biogeochemistry: an Analysis of Global Change[M]. San Diego, California, USA: Academic Press.

Van der Putten W H. 2003. Plant defense belowground and spatiotemporal processes in natural vegetation[J]. Ecology, 84: 2269-2280.

Wang X, Zhen F, Huang X J, et al. 2013. Factors influencing the development potential of urban underground space: structural equation model approach[J]. Tunnelling and Underground Space Technology, 38(3): 235-243.

Wang Z, Burch W H, Mou P, et al. 1995. Accuracy of visible and ultraviolet light for estimating live root proportions with minirhizo-trons[J]. Ecology, 76: 2330-2334.

Wardle D A. 2002. Communities and Ecosystems, Linking the Aboveground and Belowground Components[M]. Princeton: Princeton University Press, 392.

第7章　深圳地下空间开发利用的经济与社会效益评估

7.1　地下空间开发经济与社会效益评估方法

城市地下空间开发为城市带来的巨大收益成为各市政府推动地下空间大规模建设的主要推动力。作为城市空间资源的重要组成部分之一，在地下空间资源开发过程中，精确评估节约出来的土地资源和建设地下空间等产生的经济效益以及由地下空间开发带来的交通、工作方式的转变带来的社会效益，对正确认识利用地下空间资源，合理规划布局深圳市地下空间建设具有重要意义(殷天涛等，2014)。

地下空间资源开发利用过程中涉及的各类效益评估要素如图 7-1 所示。

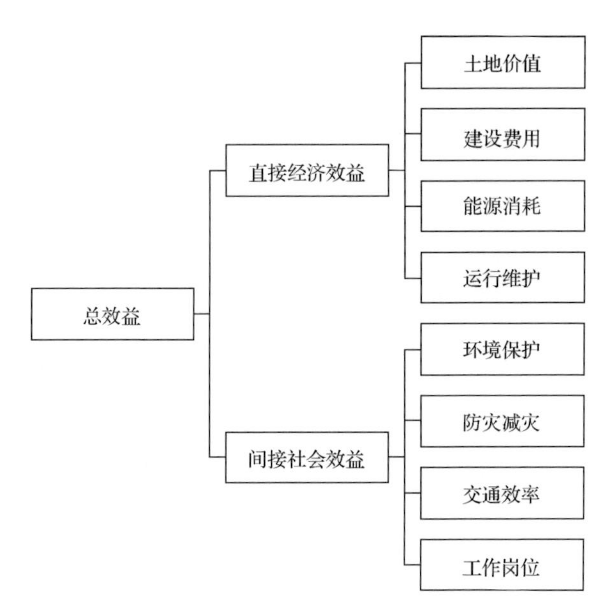

图 7-1　地下空间效益评估要素

地下空间的直接经济效益评估体现在紧密联系的同类地上建筑对比中。根据对城市土地价值的评估统计，地上建筑和地下建筑土地成本与城市中心繁华区域的距离有关。随着到市中心距离的增加，地下空间的土地开发成本基本维持不变，地上空间则随着距离的增加而减小，因此在市区中心一定范围内，地上建筑的开发成本一般大于地下建筑。在建设施工费用方面，地下空间施工采用特殊的工法，工程技术要求和工程安全系数要求较高，工程初期的投入费用显著高于地上建筑。特殊用途的地下空间具有较好的密闭性和稳定性，受到外部环境的影响较小，因此为维持地下空间平稳状态的能源消耗和运行费用也较低。作为公共用途且人流量大的地下空间，由于同外部环境交流频繁，为维持地下空间平稳状态的能源消耗和运营费用也较高。

地下空间开发可以带来多方面的社会效益。地下空间开发可以减少地面环境污染，美化城市环境，提高市民生活品质；地下空间建筑抵抗自然灾害的能力很强，在战时具有防护作用，是城市建设必要部分；将物流系统、能源系统、部分交通系统设置在地下空间可以提高城市运行效率；与此同时，地下空间开发可以带动就业，刺激经济产业发展。地下空间的社会效益难以直接量化，但其相对于地上建筑的优越性显而易见。因此，我们更应当探索出一套评估地下空间综合社会效益的方法。

地下空间作为城市空间的一部分，在对其开发利用效益进行评估时，不能单独考虑地下空间自身的投入成本和收益情况，而是需要时刻注意地下空间与地上空间的联系与对比。两者在对城市发展和空间利用中的贡献往往表现出两种经济学效应，即替代效应和加合效应。

地下空间资源作为城市空间资源的一部分，在对其开发利用效益进行评估时，不能只简单考虑地下空间建筑的投资收益情况，还需考虑地下空间对地上空间的替代效应和加合效应，两种经济效应对城市发展和空间利用具有很大的贡献(郑淑芬和罗周全，2010)。

7.1.1　替代效应

1. 替代效应定义

“替代效应”是指在收入不变的情况下，一种产品的价格变化对其竞争替代产品需求量的影响。地下空间作为一种公共设施，其替代效应指的是由于地下空间的开发利用导致原本属于地上空间的需求被转移至地下，从而使地上空间的压力减小的现象。

以地下空间中的轨道交通系统对地上交通系统的替代作用为例，构建两者之间的替代效应(图 7-2a)，并做出以下假设：①地面交通系统和地下轨道交通系统是城市中仅有的两种交通系统；②市民通过通勤价格和效率来决定交通类型；③在通勤距离相同时，地下交通的价格比地

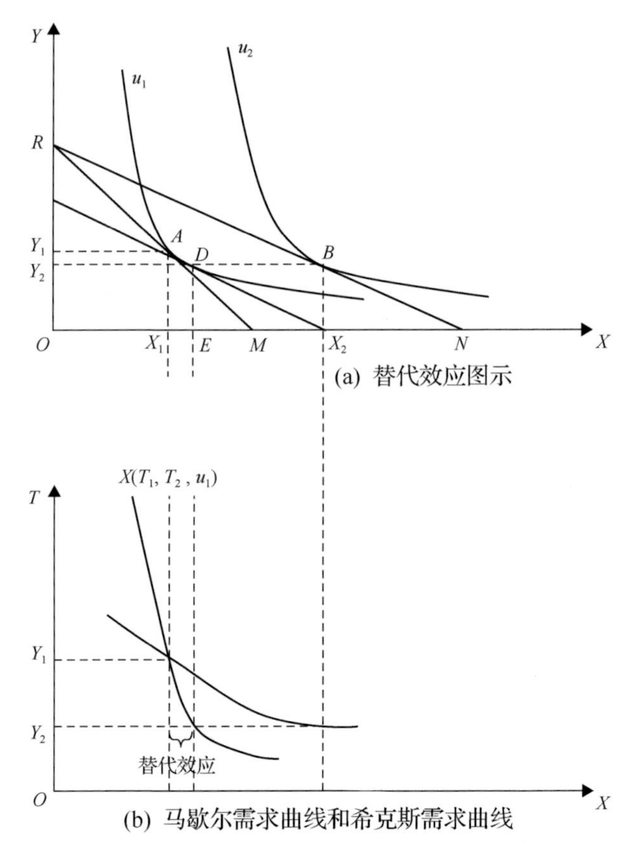

图 7-2　地下轨道交通系统对地上交通系统的作用图示

面高；④X 和 Y 分别代表着地下和地面交通使用量；⑤ T 代表地下轨道交通的通勤时间；⑥地面、地下交通在初始阶段的通勤时间保持一致；⑦在交通比较繁忙的阶段，通勤价格的影响效果要小于通勤时间。

当地下轨道交通的通勤时间逐渐低于地面交通时，如图 7-2(b) 中的从 $T1$ 到 $T2$ 的变化，此过程会产生两种效应：第一，会有越来越多的乘客在两中交通方式中选择时间更短的方式，即地下轨道交通，此现象即为前文提到的替代效应；第二，乘客在交通通勤上的时间消耗会随着轨道交通的提速而呈现下降趋势，此现象也会减轻地面交通的负担，但部分对时间要求不高的乘客会选择价格更低的城市地面交通系统。从下图可以看出，通勤时间 T 下降后，预算线由最初的 RM 变为 RN，相应的轨道交通消费量会从 X_1 上升到 X_2，地面公交的消费量从 Y_1 下降到 Y_2。

在图 7-2(a) 中，在轨道交通速度加快后，在无差异曲线上，乘客的选择点从 u_1 上的 A 点转移到 u_2 上的 B 点，根据据显示性偏好我们可以得到，B 比 A 效用更高，故 X_1X_2 为地下轨道交通的提速所带来的使用量变化值。做一条与原先的无差异曲线 u_1 相切(保持满足程度不变)的、平行于新预算线 RN 的预算线，与曲线 u_1 相切就可以得到替代效应。新的、更低的预算线表明：为了分离替代效应，减少名义可支配时间，在这条预算线上，乘客消费了 OE 量的轨道交通，于是线段 X_1E 代表了替代效应，由于地面公交需求的减少，地面交通拥挤状况将得到极大改善。

汽车和地上公共交通系统占用了大量的地面道路，产生的汽车尾气污染较多，同时为停放车辆需要建造大规模的停车场地，进一步阻碍了城市空间资源的可持续利用。据专家估算，交通拥堵每年给一座大型城市造成的经济损失至少达到数千亿元。快速便捷的地下轨道交通可减少乘客出行对地上交通工具的需求，缓解乘客因交通拥堵产生的精神负效应，改善市区空气质量。

2. 替代效应的表现模式

替代效应共有两种表现形式，第一种表现为产品和产品之间的替代，这种现象产生的原因主要是由于在性能方面无法实现完全替代和购买替代产品时需要考虑价格这两方面因素。第二种替代表现为产品因为在功能上的升级而产生的替代现象，此类型的替代是伴随着高级新产品对于旧产品的挑战出现的。

替代效应包括两种表现形式，即不同产品之间的替代和产品升级换代产生的替代。不同产品之间的替代需考虑产品之间的性能是否能完全替代，以及在不同产品之间的价格比较优势。产品功能升级换代产生的替代是指功能更高级更全面的产品挑战产生的替代效应。

替代效应体现在地上、地下空间的功能设施之间。以地下公共设施为例，如地下给排水管线、电缆电信管线、燃气管道、供热管线、地下垃圾处理输送管道以及地下综合管廊等，因这些设施处于地下岩土层的包围之中，所以其占据的地面空间资源少，也不会造成在环境和视觉等方面的污染，具有安全、节约空间等优点，此类替代即为产品升级所产生的替代；不过，地下设施的修建相比于地面来说，具有更高的成本，因此想要将全面修建地下设施还具有一定的难度。

城市中心的土地资源越发紧张，地下空间对地上空间的替代效应愈发明显，地下空间在节约能源和资源、密闭性等方面具有明显优势。21世纪地下与地上空间的协调开发将更进一步推进城市的更新与完善。

7.1.2　加合效应

加合效应是多方面因素共同作用后产生的大于原有单个因素作用之和的影响，通俗地说就是实现“1+1＞2”的效应。城市经济聚集、协调和规模化发展体现在地上和地下空间的综合开发利用，只有两者形成协调发展，才能使其形成有效互补的新局面，继而产生指数倍增长的效应，带动城市的整体性发展。

以香港沙田污水处理厂由市郊区搬迁至山体岩洞为例，在香港岩洞开发利用的案例中，利用岩洞建设市政基础服务设施能够使多方利益得到快速增长：

(1) 改善环境并有效解决污水处理厂的气味污染问题。大部分建筑设施隐藏于岩洞内部，仅有部分出入口隧道与外部相连，通过适当的表面修饰处理，融合周围环境，保留山区原始面貌。同时，岩洞犹如天然屏障，配合适当的气味控制措施，加上合理的山上通风口方位的选择，使处理厂排污口远离居民区，更有效的解决污水气味问题。

(2) 提升服务素质。全面更新的污水厂处理设施采用更为先进的污水处理系统，在减少占地面积的同时优化了运作效率。

(3) 水资源循环再利用。搬迁后的污水厂可通过污水处理技术，将排放水处理为再造水，以供厂区内部的非饮用水之用。

(4) 原有场地的经济效益与社会效益提升。将污水处理厂搬迁后，原有社区的地上可用面积增加，可用于开拓新的土地资源，从而实现顾及社区需要的均衡发展。

(5) 污水处理厂的升级。原有的污水处理厂如不进行搬迁，随着厂区设备的老化，为减少对周围环境的污染势必进行设备升级改造，此举经济效益不高且不会带来与搬迁后同等的社会效益。而搬迁后的污水处理厂，经过设备的升级换代，能够达到经济效益与社会效益并举的显著成效(王波，2013)。

7.2　深圳地下空间开发利用的效益评估

7.2.1　经济效益评估

对比地上同类型建筑而言，地下空间经济效益的优势并不是很明显，因为地下空间的施工技术相对地上而言要复杂。但是作为一种新的土地空间资源，地下空间分担着城市发展的任务，具有一定的竞争力，可以从土地价值、建设费用、能源消耗和运行维护费用这些方面进行考虑和比较。

1. 土地价值

城市新建筑开发总成本包括：旧建筑的自有价值、旧建筑的拆迁费、新建筑的开发成本、新建筑地价(熊焕标，2012)。随着城市聚集度的提高，地价占开发新建筑总成本的比重越来越高。不同于地上建筑，地下空间开发不占用土地面积，节约出来的土地价值充分体现了地下空间的经济性。

20 世纪 80 现代日本东京新宿地区每平方米的地价已经达到了 322 万日元，2005 年日本东京银座商业区中央道的每平方米最高地价达到了 1512 万日元，2016 年北京东城区每平方米的最高地价达到了 9.61 万元，上海徐汇区每平方米的最高地价达到了 8.93 万元，香港中心每平方米的最高地价达到了 20 万美元。虽然地下空间建筑单价是地上建筑的三倍，由于不需要土地费用，开发地下空间在经济上依然有较大的竞争力。图 7-3 是地下空间开发造价与市中心相对位置(*R*)关系，从图中可知，地下空间的开发成本在市中心一定范围内小于地上空间。

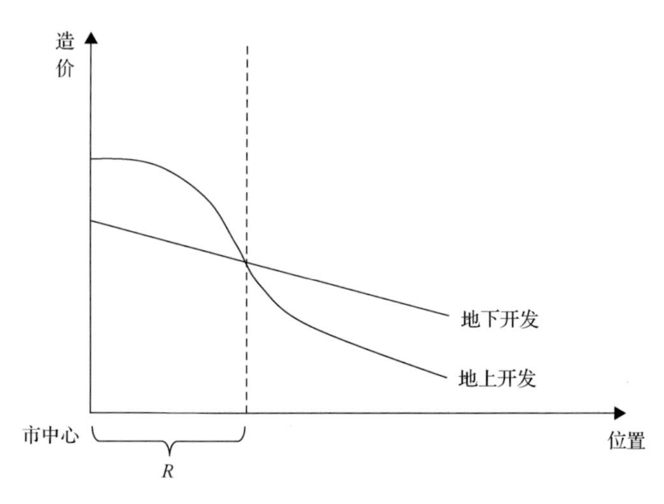

图 7-3 地下空间造价与区位的关系

便捷的地下设施可以为地上建筑增值，其中地下轨道交通系统的外部溢出效应最为明显。轨道交通系统的高能达性可以为出行者节约时间和经济成本，同时减少地面交通的拥挤程度，为地面交通使用者节约时间和经济成本。地下轨道交通的高能达性同时具有“磁力效应”，吸引生活、文娱、商业等设施聚集于轨道站点周围，繁荣轨道交通周边的经济，刺激轨道周边土地的商业开发，同时带动轨道沿线周边的房地产和其附属设施的开发。同地下轨道交通设施的建设一样，地下车库等基础设施的外部溢出效应也很明显，对周边商业和房地产业的繁荣产生很大的促进作用。地下基础设施的建设，也使在一个已经密集开发的区域提供快速而高效的公共服务成为可能。

目前，土地的价值多数情况可以采用空中、地面、地下分别计价，计入地下空间开发节省的土地成本以及其带来的土地升值，开发地下空间的经济收益将获得大幅提高。

2. 建设费用

近年来，虽然我国地下工程勘察技术、施工技术、管理水平有了很大的提高，地下工程的花费仍比地面建筑高很多。现阶段各城市修建地铁的费用每公里接近8亿元人民币，造价依然是地面铁路同样里程数的几倍到几十倍。随着我国对于地下空间的建筑安全、环境保护措施等设计标准的要求越来越高，管理施工技术效率提高带来的经济收益被越来越高标准的建设要求所抵消，地下空间的建设成本远高于地面建筑的现象将长期维持不变。以日本为例，早期的地下商业中心商店都是一一相连的，随着新的建设标准的颁布，地下商业中心防火要求提高，商店之间须保持一定的距离，导致商店的数量减少，在防火安全上的投入加大，地下商业中心的收益大大减少(罗周全等，2007)。

由于独特的物理特性，地下空间在建设费用方面存在一些特有的优势。例如，相比于地面建筑，地下建筑不需要花费资金进行大量的外部装修。对于一些特定用途的地下设施，例如地下人防工程、地下仓库、地下水库等，相对于地上同类型的地上建筑来说，建筑费用是占优势的。所以，可以从深圳市建筑一些单一功能的简单设施入手，考虑其带来的经济效益。

3. 能源消耗

能源的有效供应是城市快速发展的保证，深圳市 2016 年平均每人生活用电量为 1154kW·h，平均每天城市用电量为 23317 万 kW·h。能源消耗是城市经济发展中不可忽略的一方面。地下空间由于其特殊的环境，其对能源的消耗与地上是不同的。

地下空间建筑一般具有良好的封闭性，使得地下空间具有特有的优点和缺点。优点是封闭性减少了地下空间的能耗损失，地下空间的能耗大大低于地面设施。例如，由于良好的隔热性，较低功率的空调系统可以满足控温系统的峰值载荷要求；维持恒温、空间干净、低振动要求水平的费用也比地面设施少。对于单一功能的取暖或制冷地下空间设施，虽然在通风和照明系统方面投入费用较大，但相对于调节温度节约的能源费用比例很小，地下空间设施相比于同功能的地面建筑可以节省 1/2～2/3 投资。现阶段，我国已建成 200 余座地下冷库，库容量达到了 20 余万 t，都取得了很好的投资收益(图 7-4)。

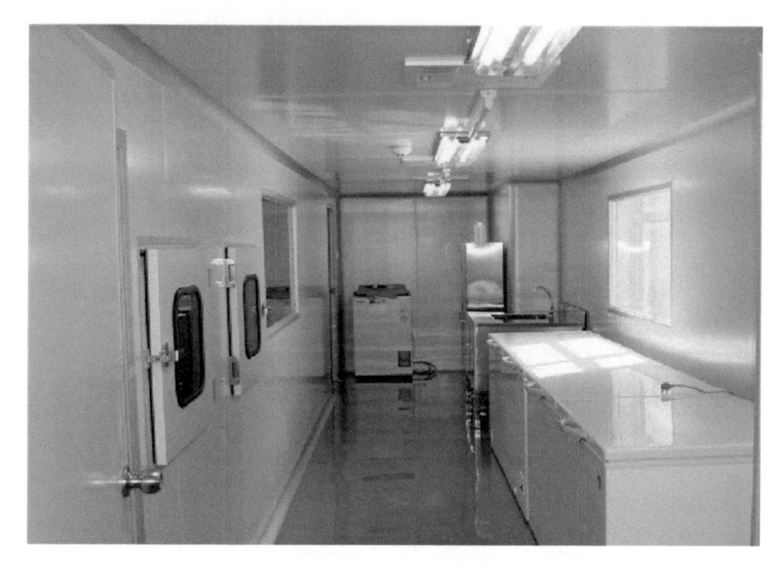

图 7-4 地下冷库

来源：http://www.99114.com/hyfl/qaibuae-17025-5052029886.html

作为公共设施建造的地下建筑，能耗情况则恰好相反。地下公共设施由于大规模的人员进出，地下空间封闭性较差，空间环境可控性较低。大规模的人流带来大量的热量和污染，供热、制冷系统以及长时间的清污通风系统的运行产生大量的能源损耗。同时，随着地下空间大规模的开发，地下水位的下降使其散热问题也越来越复杂。取暖、通风、空调系统(统称 HVAC) 调控地下公共设施的环境所需的能量巨大。日本学者对地下购物中心每单位面积能量消耗的研究表明，地下购物中心的总能量消耗分别是办公大楼和百货大楼的 4 倍和 2 倍(图 7-5)。

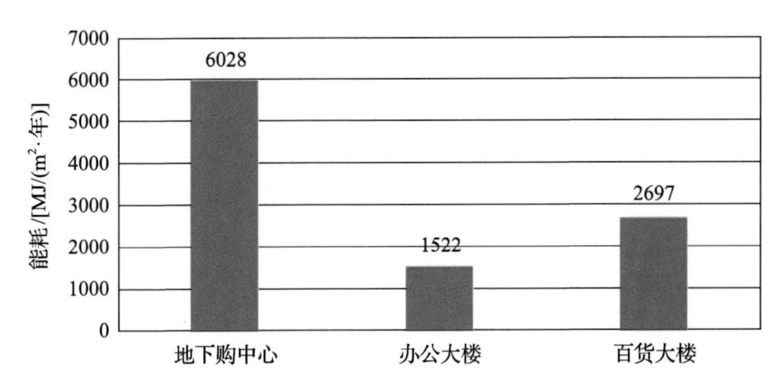

图 7-5　地下购物中心和地表大楼年能量消耗对比图

所以，根据地下空间功能的不同对能源消耗进行对比，将地下冷库这一类地下空间占优势的少消耗的能量作为正值，将地下购物中心这一类地下空间占劣势的多消耗的能量作为负值，最后将正值和负值相加，确定总的能源消耗，可得出深圳市地下空间产生的一部分经济效益。

4. 运行维护

一般情况下，地下空间设施在运行过程中受到外部环境的影响较小，与外部空间物理上的隔离使地下建筑运行费用较小。同地面建筑不同，地下空间建筑需要进行特殊安全防护以及严重依赖人工制造一些自然环境特征，例如通风和照明。地下空间设施需依靠空调和通风系统带走人员活动和照明产生的热量，使长时间使用空调、通风系统成为必然。虽然地下空间设施具有良好的封闭性，单位时间内的能量损耗较小，但由于设备使用时间长，以及一些非常规设备的采用，地下空间设施的运行费用也将提高。

同地面建筑不同，地下空间设施与外部环境隔离，地下建筑不容易受到外界环境侵蚀，使其寿命大大长于地面建筑。所以，只要地下空间建筑在技术上满足现行技术规范的要求，其寿命就可以得到相应的延长，就能够一直使用下去。同样功能的地下空间，比如地下人行道和地面道路，其运行维护花费可以转化为经济值进行比较。将深圳市地下空间的运行维护较地上同类型建筑运行维护的差值作为其经济效益。

深圳的地上土地资源随着人口增加，经济发展占用量的加大，已经极度稀缺，其成本之高必将影响深圳未来城市的发展。与此同时，随着科技和地下工程施工工艺的进步，地下空间开发的建设成本正在逐步降低。对地下空间使用的长远规划和设计将有效增加地下空间的使用寿命，促进可持续发展，这等同于降低了地下空间的运营和维护成本。从长期使用角度出发，地下空间对于地上空间在经济效益上的替代效应十分明显。

7.2.2　社会效益评估

地下空间产生的社会效益是地下空间相比地上而言最主要的优势。地下空间在使用过程中产生的污染物容易集中处理，对城市环境污染较小；释放的大量城市地面空间，可用作城市绿化和生态建设，促进城市生态化发展。地下空间对于城市防灾减灾的重要性不可替代。地下交通的发展，能够提升整个城市的交通效率。此外，地下空间的开发对城市空间的开拓及产生的新业态也必将带来更多的生活空间和全新的就业岗位。开发利用地下空间所带来的社会效益是巨大且多方位的，本文主要从环境保护、防灾减灾、交通效率以及工作岗位这几方面对深圳地下空间开发的社会效益进行评估。

1. 环境保护

地下空间所带来的环境保护效益主要可以从三个方面进行考虑，即减少空气污染、增加城市绿地和降低噪音(胡毅夫和梁风，2015)。

1)减少空气污染

随着我国经济的发展，居民自有车辆增多，我国空气污染已经由单纯的煤烟污染转变为煤烟和汽车尾气的复合型污染。汽车排放的尾气大量聚集于市中心人口密集区域，由于城市中心高楼密集，汽车尾气污染物不易疏散，造成城市局部区域污染物浓度过高(图 7-6)。汽车尾气目前已成为城市空气污染的主要污染源，例如，北京和广州两地区 80%的一氧化碳和 40%的氮氧化合物都来自于汽车尾气排放。地下轨道交通的建设运营可以大规模减少汽车出行使用，减少汽车带来的空气污染，主要表现在以下三方面：

(a) 汽车尾气污染

(b) 绿色交通工具

图 7-6　汽车尾气污染与绿色交通工具

来源：(a) http://dy.163.com/v2/article/detail/E2VKDFOL0527W3NV.html；
(b) http://rail.ally.net.cn/html/2014/haiwaidongtai_1010/32277.html

(1)地下轨道交通运量大，运输频次高，可达性强，便捷的地下轨道交通可以有效分流地面出行人员，减少私家车辆出行数量，降低汽车尾气排放污染。据统计，天津地下轨道交通 1 号线建成后引导转入地铁的客流量初期可以达到每天 58 万人次，可以替代 453 辆公交车辆的运量，且地铁靠电机牵引，不直接产生一氧化碳、二氧化氮等污染气体。表 7-1 为汽车尾气排放估算值。深圳市 2016 年拥有公共汽车 15483 辆，随着时代的发展，地铁将慢慢取代公共汽车，这也将会给深圳市多增添一分“绿色”。

表 7-1　汽车尾气排放估算值

年度	分流车辆	每辆车平均行驶里程/(km/d)	可减少的汽车尾气排放量/(t/d)		
			CO	HC①	NO_2
2008	453	147	10.52	1.06	0.52
2015	797	147	18.51	1.88	0.91
2030	938	147	21.76	2.21	1.08

① HC 表示碳氢化合物。

(2)如图 7-7 所示，汽车在行驶过程中，频繁换速导致的尾气排放显著多于匀速行驶。将地面出行人流导入地下轨道交通系统，有效减少地面出行车辆，保证地面交通秩序顺畅，减少汽车在行驶过程中的加速和减速时间，使汽车在行驶过程中的尾气排放量大大减少。

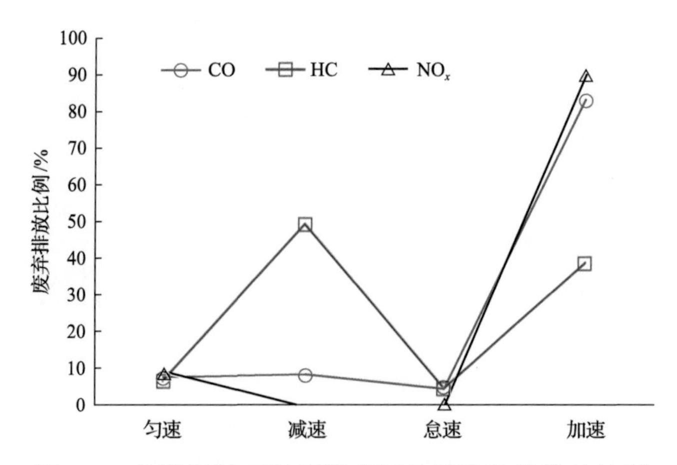

图 7-7　各种运转工况下汽车气体污染物的排放比例

(3)对于地下公路隧道中的汽车尾气，可以利用通风系统集中收集。减少排放量的同时兼具加强碳汇功能，减少温室气体。

1970～1973 年，德国慕尼黑在只开发一部分地下轨道交通设施的情况下，地下空间设施对空气质量的改善作用非常显著，其间空气中的一氧化碳含量下降了 25%，碳酸物的含量下降了 35%，硝酸物的含量下降了 44%。

2)增加城市绿地

城市中心区域的地下空间开发为保留或增加城市绿地提供了充分

条件。绿地可以明显改善市区气候和环境，美化市容，净化城区中的硫化物、氮化物等污染气体。目前，深圳市的绿化覆盖面积已经达到了 100123 公顷，人均绿地面积达到了 16.5m^2。对于地下空间设施的开发会进一步促进深圳市的绿地开发，尽快建设绿色生态深圳。

3) 降低噪声

将城市公共设施设置在地下可以有效减小地面噪声。例如，使用地下公路隧道，不仅可以缓解地面交通压力，而且可以降低地面行车产生的噪声；居民小区内建造的地下车库，可以显著改善小区内环境，提升居民生活质量，降低小区噪声；地下步行街可以有效引导客流到地下文娱设施参与娱乐、休闲活动，降低市区人流噪声。

2. 防灾减灾

我国地下空间开发起步于大规模的人防工程建设(图 7-8)，兼具战时防护和抵御自然灾害功能的地下人防工程，组成了世界上最大、最广泛的地下防御体。

图 7-8　地下人防工程

来源：https://baike.so.com/gallery/list?ghid=first&pic_idx=1&eid=6580321&sid=6794089

防灾效益指的是平时的效益，如果用在战时就是战备效益。地下空间在防止自然灾害方面的作用主要体现在地震灾害上。自然灾害损失占全国 GDP 总量基本均在 1.0%以上。一般地区的地震间接损失是直接损失的 1.8 倍，经济发达地区的地震间接损失是直接损失的 1～2 倍，欠发达地区的地震间接损失是直接损失的 1.5～2.5 倍。1976 年唐山大地震，地面牺牲了 25 万人之多，而在地下空间(注：矿井)环境工作的 2.5 万人处于安全状态。2008 年汶川大地震，200 公里范围内的铁路、公路和桥梁大多坍塌，中断汶川对外的交通，而汶川县城不多的人防通道以及防空系统则基本完好；汶川建设的大量住宅商品房中，修建了地下防空室的建筑基本没有坍塌，地下空间基本都能照常使用。

实践证明，处于地下空间中的建筑对于火灾、风灾、爆炸、地震等自然灾害具有更高的抵抗力。例如在地震时，地面以下 30m 处的由地震产生的加速度仅为地面的四成，因此地下建筑所受到的扰动会小很多。所以，地下建筑抵抗自然灾害的能力比地上建筑强很多。寒冷地区，地下建筑的覆土成为天然的防冻材料，地下建筑不会出现水管冻结、冻裂的问题。此外，地下建筑可以有效防御现代战争的袭击，对核武器和生化武器存在一定的防护作用，对国家安全至关重要。

地下空间所具有的高防护性，使其成为建设城市综合防护系统的首选。我国各城市的人民防空主管部门需参与地下空间开发利用的规划、设计和建设，严格履行职责，确保人防防护需要在地下空间开发中实施到位。然而，如果单建一个人防工程，每平方米造价约 5500 元，若采用“平战结合”原则，开发地下空间的同时兼具人防工程的需要，每平方米的建造费用只需增加 600 元。而将地下商业空间开发与人防工程相结合，不仅拓展了地下商业空间，在和平时期产生一定的经济效益，而且使城市人防工程面积得到大幅度提高，战备效益更加明显。

3. 交通效率

地下交通系统在一定程度可以极大缓解地面交通的拥挤程度，缩短人员出行时间。节约出来的时间可以投入其他生产活动或用于休闲娱乐，创造更多的社会经济价值。马来西亚吉隆坡通过修建城市中心隧道，防洪的同时，解决隆芙大道和新街场路到市中心的交通拥堵问题，极大地缩短了人们的出行时间。

提高交通效率的地下交通主要有三种：地下人行通道、地下快速道路以及地铁(图 7-9)。地下人行道便于人们穿梭于交通拥堵的市中心，相对比地上道路来说节约的时间主要来自于等待红绿灯以及道路绕行所产生的时间。同样的，地下快车道也便于车辆快速到达某一目的地。城市公共交通运输工具在地上主要是公共汽车，地下主要是地铁，地铁平均速度可以达到 35～60km/h，而公交的平均速度一般在 20～30km/h，地铁运输客流比公共汽车高效很多。经过研究，合理选择出行交通工具，工作人员的劳动生产率可提高 5.6%左右。表 7-2 是以天津 1 号线为例计算得出的交通效率提高带来的经济效益。未来深圳地下交通开发建设所带来的效益可用同样的方法进行评估。

(a) 地下人行通道

(b) 地下快速道路

(c) 地铁

图 7-9　地下交通形式

来源：http://cq.people.com.cn/n2/2016/0724/c367698-28719339.html

表 7-2　节省出行时间和提高劳动生产的经济效益

年份	分流客流量（万人次/年）	节省时间（万 h/年）	人均每小时国民收入（元/h）	节省时间效益（万元/年）	提高劳动生产率效益（万元/年）
2008	21170	14819	3.125	4639	16301
2015	37320	26016	3.125	81440	28667
2030	43800	30660	3.125	95812	33726

4. 工作岗位

深圳市常住人口近 1190 万，管理人口 2000 多万，而深圳占地只有 1996.85km^2，所以急需更多的空间。地下空间的开发利用，带来了新的发展空间，比如地铁、地下商业街、地下工业设施、地下图书馆等，都会带来相应的工作岗位。不同的空间用地类别可增添的就业人口有所不同，具体表 7-3。

按照深圳市地下空间的类型及其面积，可以估算出地下空间提供的就业岗位数量。

表 7-3　就业人口估算表

项目	公共设施用地（m^2 建筑面积/人）					
	行政办公	商业服务		文化娱乐	教育科研	
		商业办公	其他商业		小学	科研
人口容量指标	35	35	50～100	200	100～200（m^2 用地面积/人）	35
法定图则取值	35	35	75	200	150（m^2 用地面积/人）	35

项目	工业用地（人/公顷）						
	高新技术			一类工业	二类工业	三类工业	仓储
	生物医药	医疗器械	电子信息				
人口容量指标	100～250	100～250	100～250	300～400	300～350	100～200	100～200（m^2 用地面积/人）
法定图则取值	150	180	180	350	320	150	150（m^2 用地面积/人）

从间接社会效益角度考虑，深圳市民对于城市空间扩展的需求也在进一步加大。地下空间的开发利用，将从交通出行、物流运输、工作就业、消费娱乐等多方面有效提高城市的运作效率。与此同时，将基础公共服务设施转移至地下，将释放大量地面空间，有利于保持地上良好的城市生态环境，由此带来的环境改善和人民身心健康的收益是无可估量的。这也充分体现了城市地下空间结合地上空间的加合效应。

综合考虑“卓越城市”既有的地下空间开发案例和地下空间在经济和社会效益中体现出的替代效应和加合效应，深圳的城市地下空间开发利用必将取得缓解城市土地空间不足、提高城市工作效率、改善城市生活环境等经济和社会层面的高收益。在科学合理、系统性、全局性的顶层设计规划下，深圳市利用机械化、智能化、环境友好型等施工方法对城市地下空间进行有序的开发和建造，将使深圳地下空间展现出来的空间替代效应和加合效应更加明显。

参 考 文 献

胡毅夫, 梁风. 2015. 城市地下空间开发效益研究综述[J]. 水文地质工程地质, 42(4): 127-132.
罗周全, 刘望平, 刘晓明, 等. 2007. 城市地下空间开发效益分析[J]. 地下空间与工程学报, 3(1): 5-8.
王波. 2013. 城市地下空间开发利用问题的探索与实践[D]. 北京: 中国地质大学(北京).
熊焕标. 2012. 南昌市地下空间开发利用效益分析研究[D]. 南昌: 南昌大学.
殷天涛, 王怀文, 姚秋卉. 2014. 我国城市地下空间合理开发利用效益[J]. 中国科技信息, (17): 206-207.
郑淑芬, 罗周全. 2010. 提高我国城市地下空间开发综合效益对策研究[J]. 地下空间与工程学报, 6(3): 439-443.

第8章 粤港澳大湾区未来地下空间开发利用战略构想

8.1 粤港澳大湾区地下空间开发利用背景

湾区是指由一个海湾或相连的若干个海湾、港湾、邻近岛屿共同组成的区域。当今世界，湾区已成为带动全球经济发展的重要增长区和引领技术变革的领头羊，由此衍生出的经济效应称之为“湾区经济”（刘介民和刘小晨 2018）。湾区经济的发展形态演变通常会经历港口经济、工业经济、服务经济和创新经济四个阶段。在较为成熟的后两个经济形态中，湾区经济将表现出高度开放、创新引领、宜居宜业、区域协同的发展特征，使之成为理想的人类宜居城市与经济发展重镇。

目前，纽约湾区、旧金山湾区、东京湾区和粤港澳大湾区是世界公认的知名四大湾区（图 8-1），其经历若干年的发展，已基本形成大量人才、

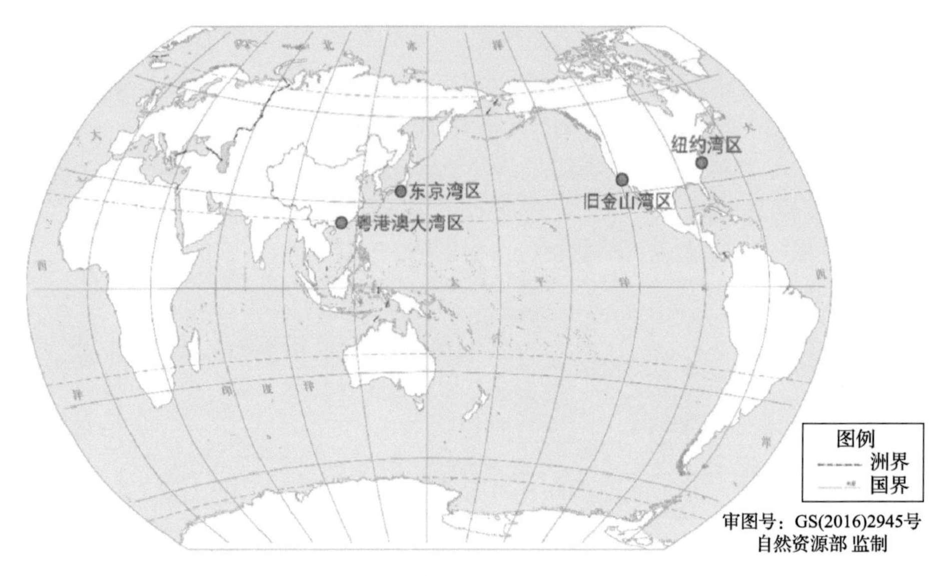

图 8-1 全球四大湾区

资本、技术、文化的集聚融合，并在创新型经济的带动下成为全球高新科技的发祥地。

粤港澳大湾区的规划建设正是对标国际三大湾区，整合粤、港、澳三地发展资源，优化区域城市结构，建立创新宜居城市群的国家战略举措，是我国建设世界级城市群和参与全球竞争的重要空间载体(姚江春等，2018)。粤港澳大湾区是由香港、澳门两个特别行政区和广东省的广州、深圳、珠海、佛山、中山、东莞、肇庆、江门和惠州九市组成的城市群，区域面积达 5.65 万平方公里，覆盖人口约 7000 万(刘金山和文丰安，2018)。其主要经济指标与国际三大湾区的比较如表 8-1 所示。

表 8-1　四大湾区主要经济数据对比

指标	东京湾区	旧金山湾区	纽约湾区	粤港澳大湾区
占地面积/万平方公里	3.68	1.79	2.15	5.65
人口/万人	4383	760	2340	7000
GDP/万亿美元	1.8	0.8	1.4	1.36
人均 GDP/万美元	4.14	11.19	5.98	2.04
港口集装箱吞吐量/万 TEU	766	227	465	6520
机场旅客吞吐量/亿人次	1.12	0.71	1.3	1.75
第三产业比重/%	82.3	82.8	89.4	62.2
代表产业	装备制造，钢铁，化工，物流	电子，互联网，生物	金融，航运，计算机	金融，航运，电子，互联网
世界 500 强企业总部数量/家	70	28	22	16
高校数量/所	120	73	227	173

8.1.1　粤港澳大湾区优势

粤港澳大湾区与现有三大湾区相比，其优势主要体现在：

(1) 地理位置优越。粤港澳大湾区拥有目前世界上最大的海港群和空港群。

(2) 规模大。粤港澳大湾区相当于 1.5 个东京湾区、3 个旧金山湾区、2.6 个纽约湾区，其人口数量几乎是这三个区域的总和，如此规模保证了其经济发展动力和城市竞争力。

(3)经济发展势头良好。粤港澳大湾区内，各市经济增速超过 7%，据 2016 年的数据统计，其经济增长速度分别是纽约湾区、东京湾区、金山湾区的 2.26 倍、2.19 倍、2.93 倍。

(4)创新能力突出。《2017 年全球创新指数报告》中，深圳—香港作为“创新集群”排名全球第二；《经济学人》更是将粤港澳大湾区中的深圳，称之为比硅谷更传神的“硅洲”(黄群慧和王健，2019)。

由此可见，粤港澳大湾区在经济发展层面具有极大的优势，推进其在各个方面的建设不仅对大陆和港澳之间的合作有益，还对港澳两地参与国家发展，提升综合实力，维持祖国的繁荣稳定具有重要战略意义。

8.1.2 粤港澳大湾区重点合作领域

粤港澳大湾区总体定位为“全球创新发展高地、全球经济最具活力区、世界著名优质生活区、世界文明交流互鉴高地和国家深化改革先行示范区”。并将以实现人员自由流动、商品自由流通、资金自由流动、信息自由流通为四大目标，在以下重点领域开展深入合作：

(1)推进基础设施互联互通。在公共交通上增强港澳两地与内地之间的联系，建立方便、快捷、高效的先进交通系统。香港要大力发展其作为国际航运中心的特殊优势，拉动大湾区的其他城市一起建成世界级港口群和空港群，在此基础上还要改进高速公路、铁路、城市轨道交通网络系统，实现在多种交通方式上的互联化、高效化。加大城区内与城区外对于交通体系的建设力度，推进包括港珠澳大桥、广深港高铁、粤澳新通道等区域重点项目建设，打造便捷区域内交通圈。

(2)提升市场一体化水平。落实内地与香港、澳门《关于建立更紧密经贸关系的安排》(CEPA)及其系列协议，促进要素便捷流动，增加通关的快捷化、便利化水平，提高人口往来和货品流通的效率，营造在国内甚至是在世界上都有竞争力和影响力的经商环境，促进港澳和内地企业之间的相互投资。鼓励香港、澳门人员赴内地进行商业活动，在为港澳人员在内地的生活提供便利的基础上，也为他们提供更多的发展机会。

(3) 培育国际合作新优势。合理利用港澳地区独有的各方面优势，深化与“一带一路”沿线国家在基础设施互联互通、经贸、金融、生态环保及人文交流领域的合作，共同打造推进“一带一路”建设的重要支撑区。支持粤港澳共同开展国际产能合作和联手“走出去”，进一步扩大并完善对外开放的平台(陶一桃，2017)，充分利用归侨侨眷在其中发挥的纽带作用，并在国家高水平参与的国际合作中，树立粤港澳大湾区在其中的示范带头作用。

(4) 打造国际科技创新中心。通过对其他国家或城市科技创新资源的学习，来完善大湾区的创新合作体制。创立区域之间的相互合作、协同发展新模式，加快科研成果的转化效率，将粤港澳大湾区建设成开放型、国际型的先进湾区。推进深圳前海、广州南沙、珠海横琴等重大合作平台的开发与建设，发挥其在深化改革、扩大开放、促进合作中的试验示范和引领带动作用，复制并推广成功经验。大力支持港澳地区的创业就业基地的建设工作。

然而，随着粤港澳大湾区城市群建设的推进，城市发展也面临着土地资源枯竭，城市空间不足等问题，住宅、商业和工业用地价格上涨等问题终将影响大湾区城市的可持续发展。这类问题在香港、深圳和广州等城市已很突出，而在珠海、东莞等地区则是初现端倪。与其在城市空间发展受阻时再向地下要空间，不如提早规划，未雨绸缪，将粤港澳大湾区的地下空间开发利用纳入大湾区城市群的建设中去。从战略高度出发，对大湾区的地下空间开发利用进行整体规划，顶层设计，将粤港澳大湾区打造成一个城市空间充分利用，地上地下一体发展，城市生态环境优质，创新科技全球领先的世界级城市群。

粤港澳大湾区总体地势较低，地貌上以低山丘陵为主，其次为滨海平原。区域构造主要为北东向，其次北西向和近东西向，稳定性较好，地震风险较低。地层发育比较齐全，主要有震旦系、寒武系、泥盆系及中生代、新生代地层。侵入岩时代包括中元古代、加里东、印支、燕山等多个地壳运动期，尤其是燕山期花岗岩类侵入岩在区内分布非常广泛，而加里东期侵入岩主要围绕珠江三角洲盆地及周边低山丘陵分布，印支期侵入岩体和中元古代片麻花岗岩分布比较零散(徐俊等，2012)。受湿热气候影响，侵入岩风化程度普遍较深。整体而言，该区域岩石质量较高，地质条件稳定，适合地下空间开发。

8.2 粤港澳大湾区地下空间开发利用现状

8.2.1 南粤城市地下空间开发利用现状

广州市因其省会的特殊身份，相比于其他城市来说发展速度比较快，经济发展水平也更高。随着城市化的发展，在城市区域不断扩大的同时，人口和城市土地资源短缺的压力也逐渐增大，迫切需要开发利用地下空间。

长期以来，广州市地下空间的开发与建设大都与人防工程结合得比较紧密。例如比较早期的前广场“地中海”地下商城，与地铁建设同时兴起的人防工程商业的开发，世纪大道地下的“康王路地下商业街”等。不过，随着城市地面空间的压力逐渐增大，地下空间开发的逐步深入，广州开始由之前被动式的地下空间开发初步转变为主动式的规划和管理。广州市建设委员会于 2005 年立题开展城市地下空间开发利用的关键技术研究工作。研究项目包含八个子项目，分别是：广州市地下空间综合开发利用的法规、管理模式与投资形式，广州市地下空间规划，广州城市地下空间开发利用的建设技术规程，广州典型地区的地下空间开发利用示范研究，既有地下空间设施的评估与改造技术，广州地下空间开发利用的建设技术，广州城市地下空间检测监控技术，以及广州城市地下空间开发利用的公共信息平台(张季超等，2009)。2011 年，广州市政府又出台了《广州市地下空间开发利用管理办法》，相关研究工作的开展和政策法令的实施为今后广州市的城市地下空间开发打下了坚实的基础。

在研究项目相关成果的推动下，广州市的城市地下空间开发利用也取得了显著进展。其珠江新城核心区地下空间工程是我国规模较大，科技创新程度较高的地下空间综合开发利用项目。该项目地下总建筑面积约 40 万 m^2，地下两层，局部三层。建设内容包括珠江新城区核心区地下空间、新中轴线地下旅客自动输送系统以及地面中央景观广场（图 8-2）。主体工程以地下公共服务配套为主，用以解决交通疏导，客流疏散等问题。该地下空间项目的建设与运营应用了多项新技术，较为突出的有：智能化交通诱导系统、冰蓄冷集中供冷系统、“中水”系统、地下集运系统和真空垃圾收集系统。

(a) 平面图　　(b) 效果图

图 8-2　珠江新城核心区地下空间

来源：(a) 广州新城市中轴线北段核心区城市设计；
(b) http://www.archcy.com/classic_case/anlishangxi/gn_jz/73edadf2673a804c

除香港、深圳和广州以外，大湾区内其他城市的地下空间开发与利用有着不同程度的进展，但基本都还处在刚起步的阶段。这些城市可以充分利用它们的后发优势，在城市地下空间的开发利用中，从政策立法起步，对城市地下空间资源的利用有全局把握，主动式地规划和开发城市地下空间，实现地下空间开发利用的跨越式发展。

目前，各城市也相继出台了与地下空间开发有关的政策和法规，例如：《珠海市人民政府关于加快城市地下空间开发利用的意见》《珠海市近期重点地区地下空间开发利用概念规划》《东莞市地下空间开发利用管理暂行办法》《佛山市地下空间开发利用管理暂行办法》《惠州市城市地下综合管廊建设实施方案》等。此类政策和法令的颁布说明了城市地下空间开发在各城市中已不再是虚无缥缈的空谈，而是城市发展进程中的必经之路。

8.2.2　香港地下空间开发利用现状

香港经过一个多世纪的发展，已由昔日的小渔村变为今日的国际都市，是当今世界上最具活力和动感的城市之一。香港因其地形多为陡峭的山岭，所以土地资源十分稀缺。在香港仅有的 1104 平方公里的总面积中，城市建成区仅占总面积的 24%，主要集中于维多利亚湾两岸。截止到 2019 年，香港的人口数量已经超过 700 万，九龙地区的人口密度甚至可达 4.45 万人/平方公里。在弹丸之地面对土地资源稀缺与人口稠密的现实矛盾，香港及早利用岩洞，大力开发城市地下空间，至今已取得良好成效。

1. 政策导向，规划先行

香港在地下空间开发与利用方面的研究起步较早，并且注重相关政策的确立和实施。香港于 1988 年完成了对有关地下空间发展潜力的研究，并于 1991 年制定了《香港规划标准与准则》（HKPSG）。在经过多次的修订之后，香港在 2009 年年度施政纲领中提出开展地下空间发展的战略研究。香港土木工程拓展署及规划署透过新思维探讨有计划地发展地下空间的机遇，力争达到推广善用香港土地资源的目的。

针对多山而陡，岩石坚固的特点，香港大力开发市区边缘的山体岩洞项目。目前已完成《岩洞发展长远策略——可行性研究》，其包括制定具体策略性的全港性岩洞总纲图等措施，总纲图中一共包含 48 个策略性岩洞区，大多分布在现有主要线路附近和市区边缘，该策略已成为岩洞发展规划和推广的全面策略，并藉以利用此创新方法增加土地供应。除此之外，香港在土地空间利用时，要求所有政府项目考虑岩洞方案，同时成立跨政府部门小组，推动政策的执行。

2. 城市地下交通系统

在香港，政府大力支持城市轨道交通和公共交通的发展，目前已经建立了相对比较完善的公共交通体系。在居民日常出行的交通方式中，公共交通出行量的比例为 90%，而城市轨道交通出行量大约占公共交通出行量的 45%。

从 1979 年香港开通第一条地铁线路至今，建成的地铁系统网络共包含 10 条线路，连接并贯通香港岛、九龙、新界及多座新市镇，线路全长 225.2 公里，其发达的交通网络也被认为是世界级的公共交通运输机构。其中西九龙总站被认为是全香港规模最大的地下空间交通枢纽工程项目。

除了发达的地下轨道交通网络以外，香港还建成了 15 条主要的行车隧道，近 1200 条人行天桥及行人隧道，用来保证高峰期的人车顺利流通。其中在中环和尖沙咀中心区，香港有关设计部门在结合地铁车站的换乘基础上，还建设了两处规模比较大的地下公共布道系统：第一处是连接地铁香港站和中环站的人行换乘通道，全长约 220m，日客流量约 12 万人；第二处是连接地铁尖沙咀站和尖东站的人行换乘通道，包括长约 370m 和 240m 的两条人行道，日客流量约 17 万人。

3. 地下商业

从 1980 年起，在香港辖区内建造的高层建筑都设置有地下室，除了用作停车的场地以外，还用来建成方便居民购物消费的商场，如时代广场、崇光百货、置地广场、国金中心等，并且这些商场与邻近的地铁站之间还设有联通道。港铁公司为了给乘客提供更加全面的服务，还在各车站设置了各种类型的门店，如饮食店、书店和银行等。

4. 市政设施

在香港《善用香港地下空间及岩洞发展长远策略》推动下，香港诸多市政服务项目转移至地下岩洞，带来了良好的经济和社会效益，具体项目有：

(1) 香港大学海水配水库。香港大学将两个水务署海水配水库(12000 m^3 容量)迁移至岩洞内，以腾出地面土地，发展百周年校园。

(2) 港岛西废物转运站。由于垃圾转运站并不适合于在港岛中西区选址，于是香港土木工程署根据地下空间发展潜能的综合项目研究和地下洞室项目研究，最终制定岩洞发展计划。项目位于香港岛中西部，并在岩洞内建设废物转运设施，成功采用 BOT 模式，吸引私人企业参与，日处理能力约 1000t。

(3) 赤柱污水处理厂(图 8-3)。该项目的设计思路注重将污水处理设施的占地规模降至最低。该地下设施包括出入隧道、130m 长的配套设施岩洞(宽度 15m，高 17m)、以及两个长约 90m 的处理隧道。隧道内设有曝气池、泥浆泵和最终沉淀塘。设计处理能力约为每天 11.6 万 m^3，服务人口 27000 人。

(4) 狗虱湾爆炸品仓库(图 8-4)。在此项目尚未建成之前，西九龙填海区的城市发展规模越来越大，其规划也逐渐逼近临近昂船洲的爆炸品仓库，因此政府决定新建一处爆炸品存放设施。狗虱湾地理位置比较偏远，因此安全性比较高。此工程项目包含一条环形出入隧道及 10 个炸药库。洞室长 21m，高 6.8m，宽 13m，均与出入隧道相连。此项目建成之后一直作为香港爆炸品的主要存放地点。

图 8-3　赤柱污水处理厂

图 8-4　狗虱湾爆炸品仓库

8.2.3　粤港澳大湾区地下空间开发利用面临的问题与挑战

大湾区城市地下空间开发利用面临以下几方面的问题：

(1) 基本情况掌握少。在粤港澳大湾区中，除了香港以外，其他城市都不具备比较详细的地下空间开发所需的地质环境资料。虽然城市规划建设管理部门能够通过规划许可对近期城市地下空间开发建设情况有所了解，但对早期建设的地下空间开发利用情况还是缺乏掌握。另外，城市与城市之间也存在着沟通不顺、口径不一致、数据过于分散等问题，这无疑会增加大湾区的地下空间的开发与利用难度。

(2) 整体性差。对于地下空间的综合开发与利用来说，地下空间作为地上空间的有机延伸，两者之间在功能、效应上密不可分、相互影响、相辅相成，共同实现效益的最大化。对粤港澳大湾区来说，地上地下空间一体化开发就显得尤为重要。但现状是两者在规划设计、发展进程、利用程度、社会功能上相互脱离、各自为战，缺乏整体性，不利于实现资源利用效益的最大化。

(3) 规划制定落后。粤港澳大湾区中大部分城市的地下空间开发尚处于探索阶段，其中存在着规划组织编制主体不明确、规划体系不清晰、缺乏统一规范的规划编制要求等问题，大多数城市地下空间开发利用缺乏整体全面的规划，现有的城市地下空间规划制定与大湾区世界级城市群的战略发展目标有较大的落差，严重滞后于建设发展实践，这些问题无疑会对城市地下空间资源的开发和保护产生不良影响。

(4)体制存在差异。在粤港澳大湾区中，香港和澳门实行的是高度自由和开放的经济体制，政府除了在关系民生、社会等公用事业进行直接的管理控制外，对私人经济的干预也会降到最小。在地下空间的规划层面，体现为政府只负责地下公共设施的建设，例如地铁车站、公共停车场、废物转运站等，而私人开发商则会根据实际情况去自由建设地下商业零售、配建停车、仓储设施等设施。

8.3 粤港澳大湾区未来地下空间开发利用总体战略构想

基于对粤港澳大湾区各城市群地下空间开发利用现状和可能存在的问题进行分析，本书提出了三级地下空间开发战略，即核心城市驱动、超级城市群引领和湾区城市群崛起。从横向来看，三级城市地下空间战略如图 8-5 所示；从纵向来看，按照深度确定三级城市发展战略(图 8-6)。

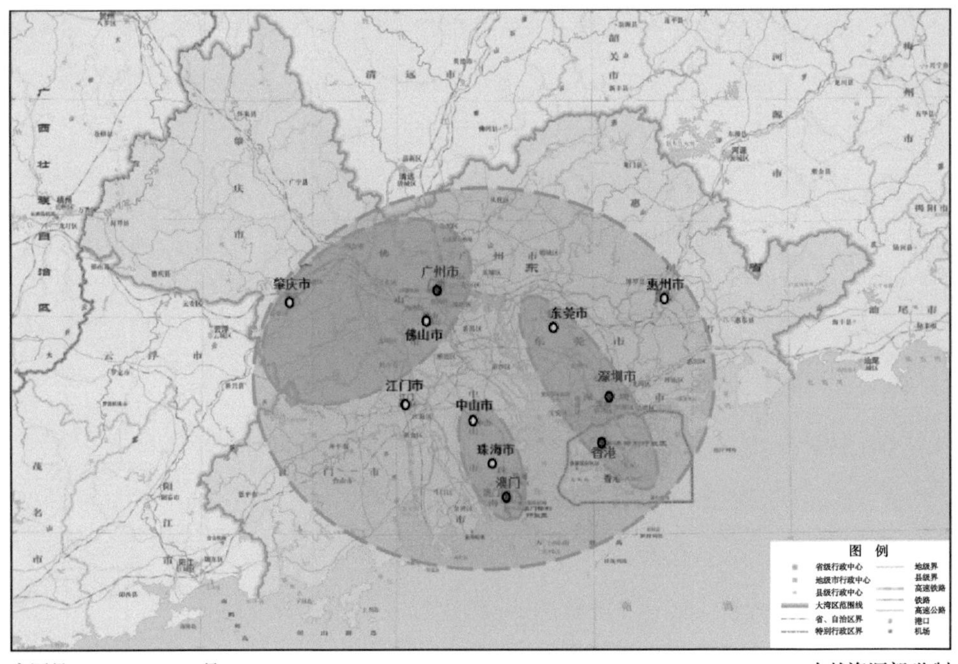

图 8-5 横向发展战略

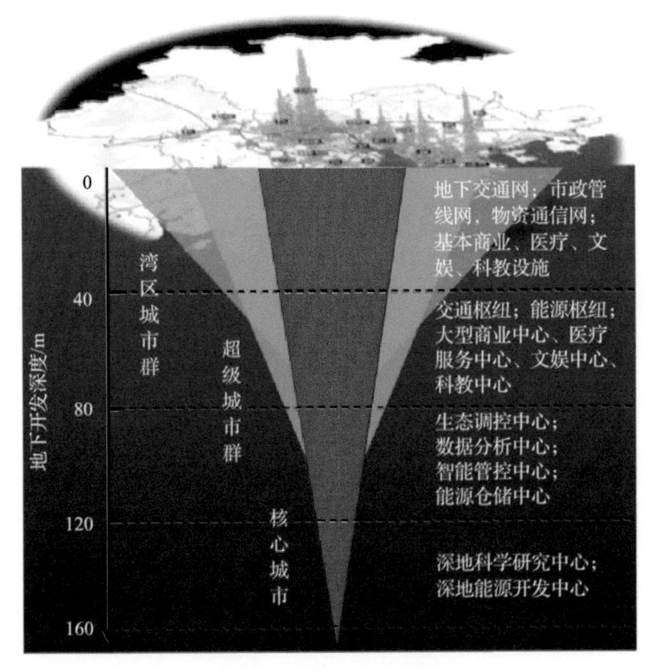

图 8-6　纵向发展战略

8.3.1　核心城市驱动

以香港、广州、澳门、深圳为核心，构成核心四城，作为大湾区地下空间开发利用的驱动引擎，为大湾区的崛起贡献强大的动力。香港作为高度繁华的国际化大都市，应当充分利用其在地理位置等方面的优势，继续巩固其在航运、金融贸易的中心地位，并在现有开发基础上进一步增加对地下空间的利用，延伸已有的地下交通网络，提高地下公共交通在市民出行中所占的百分比。广州是国务院定位的国际化大都市，因此应当充分发挥其作为国家综合性门户城市在经济、文化和科教等方面的引领作用，在地下空间建设方面充分发挥其潜力，建设多种类地下空间，在增加地铁运行线路的同时也要加快地下综合管廊的建设，努力建设全世界领先的现代化大都市。对于澳门来说，应当发挥其作为国际自由港的优势，加大第三产业的建设力度，建成服务于本地居民和外地游客的高效地下交通体系，并加大世界级休闲、旅游中心的建设，加深同葡语国家在商贸方面的合作，促进本地经济的健康、多元化发展，为地下空间的大规模建设提供经济基础。深圳市作为四个核心城市之一，也是我国设立的第一个经济特区，具有极高的活力、动力和创新力，深圳市应当发挥其作为经济特区和国际科技产业创新中心的引领作用，加快地下轨道交通、地下道路、地下综合管廊和地下建筑的建设，让世界再次见证“深圳速度”。

核心四城要充分发挥其带头作用，保证规划的前瞻性和合理性，做到地下空间建设的先进性和高效性，使得地下、地上空间协调发展，形成有机统一体。

8.3.2　超级城市群引领

以地域上的邻近性和地区产业特征作为标准，构建三个超级城市群。第一个城市群由肇庆、广州、佛山组成，第二个由中山、珠海、澳门组成，第三个则是由东莞、深圳和香港组成。对于第一个城市群来说，广州、佛山和肇庆通过山水相连，因此在建立超级城市群时应当注重边界的一体化建设，创建边界合作共建区，破除行政区划障碍，充分利用三者在综合服务、物流、重型机械设备和生态建设等方面的优势，建成综合的、生态化的、具有区域优势的地下空间集合体，在交通、物流等方面形成 1+1+1＞3 的良好效应。中山、珠海和澳门组成的超级城市群具有在特色制造业、绿色经济产业和旅游服务业这三方面上的优势，因此三市应在成立“中珠澳旅游区域合作联盟”的基础上进一步加深旅游合作和信息交流，通过对区域互联地下交通网络的建设，联手拓展客源，实现三地之间的特色产业发展，促进大湾区旅游资源的开发。由东莞、深圳和香港组成的超级城市群极具发展活力，因此在进行城市群的地下空间综合开发时，应当紧扣新时代经济特区新战略定位，利用三者在高新技术、电子信息和高端服务业等方面的优势，着力于将其建成创新能力强、覆盖范围广、互联互通性好的综合型城市地下空间。

这三个超级城市群具有前所未有的引领力，立足粤港澳大湾区城市群的共同发展理念，为大湾区引领方向，引领整个大湾区进行地下空间的全面建设。

8.3.3 湾区城市群崛起

湾区城市群在地下空间建设方面的崛起是其经济发展进入到新阶段的必然要求，也是粤港澳合作不断深化、区域竞争力不断增强的必然结果。

湾区城市群的崛起，表现在地下快速交通和物流系统方面的快速发展。地下一小时快速交通圈的建设，是实现粤港澳大湾区快速交通系统互联互通的至关重要部分，因此应加速大湾区内各地区之间轨道交通的设计与建设，充分调动核心四城和超级城市群的辐射作用，带动周边城市的快速发展，创建满足大湾区整体交通需求的地下交通网络体系。在物流方面，目前国内物流运输行业主要集中于地上，大湾区作为一个整体，可以考虑将物流引入地下空间中，构建地下物流新体系，实现地下一小时物流圈，促进物资的便捷流通，提升大湾区的综合竞争力。

湾区城市群的崛起，表现为各产业的协调发展。粤港澳大湾区正致力于创建具有国际竞争力的现代产业体系，加快在先进制造业、现代化服务业和金融产业的建设，着力于培育若干世界级产业集群。大湾区的地下空间建设，应当注重与湾区产业体系之间的协调关系，重视地下空间建设对各产业的推动作用，促进大湾区在金融、制造和旅游业等行业的快速、稳定发展。

总体而言，湾区城市群以核心四城为动力，由三个超级城市群为引领，在地下空间的开发与建设中形成地下空间发展新态势，实现整个湾区城市群的全面崛起。

8.4 粤港澳大湾区未来地下空间开发利用具体战略构想

8.4.1 地下空间一体化系统建设

1. 着眼大都会发展需求，构建地下空间系统化一体化开发模式

城市地下空间开发要以城市地面空间功能为基础，地下与地面统筹

考虑，实现一体化发展。城市的地下和地面统一规划、同步建设、互为补充，实现地面地下空间功能与要素的整合建设。例如，结合现有的带状规划，把地表绿化带、地下快速出城通道结合在一起，以减轻地上地下的相互干扰，也可以在一定程度上解决热岛效应；地下城市的地上出入口、换气口，地上的交通枢纽、城市基础设施、物流系统等的地下出口应当实现地上和地下相互协调、相互配合。

地下空间的横向、纵向布局设计要遵守统一规划、立体布局的原则。例如，地下交通、供水、能源供应体系，地下生活垃圾处理系统，地下排水及污水处理系统以及地下综合管线廊道的建设要综合化、系统化、空间化，且应具有一定的前瞻性。

除此之外，在进行地下空间的水平规划时，要充分考虑区域地质、水文条件以及原有巷道隧道条件，以确定空间布局。

2. 构建地下空间灾害防治、预警与应急响应体系

构建地下水灾、火灾、交通事故、空气污染、爆炸事故、停电事故等灾害的智能化信息化监测、预警和应急处置等系统。利用物联网、云计算、无线监测、光纤、3D 激光扫描等高新技术，打造地下空间实时监测预警系统，实现地下空间的智能化与信息化。

人防和地下防灾设施要依据平战、平灾相结合的原则，以人防工程作为地下空间开发利用的重要载体，以更好地发挥地下资源的潜力，形成平战结合、平灾结合、相互连接、四通八达的城市地下空间。

8.4.2　地下功能体分区规划

根据分区特点，顶层制定粤港澳大湾区分区域开发规划。

粤港澳大湾区不同区域的发展现状、地质情况、优势资源各不相同，制定顶层区域开发规划应注重优势互补，分工协同(图 8-7)。就目前的发展状况而言，香港和广州拥有上百条国际航班，国际人口物资流通量巨大；深圳拥有众多的高新科技公司，科技创新活力十足；佛山和东莞

的轻工业十分发达，工业发展体制健全；珠海，江门等地旅游资源丰富，城市具有较为良好的生态环境。从经济形态上来看，粤港澳大湾区正处在工业经济向服务经济及创新经济转型的过程中。城市群产业带可分为以佛山、中山、珠海等地区为主的西岸技术密集产业带，以东莞、深圳、广州东部等地区为主的知识密集型产业带和以江门、珠海、深圳、香港等地区为主的沿海生态环保型产业带。

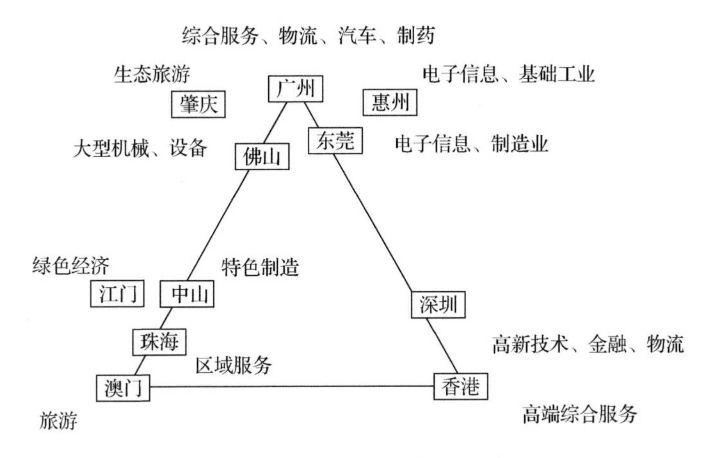

图 8-7　大湾区各城市优势产业

面向未来的宜居都市群，应该是多种经济形态并存，且能够在一定程度上自给自足的都市生活区域。在兼顾各地区经济优势和城市职能，同时结合大湾区城市群的地理位置的基础上，可分别形成深莞惠都市圈、珠中江都市圈和广佛肇都市圈(图 8-8)。各都市圈内通过地下空间的开发利用对商业、工业、服务业、交通运输、资源流动进行有效整合，并针对不同职能的城市建设相配套的地下空间设施以满足城市发展的需要和城市优势产业的效益最大化发展。以深莞惠都市圈为例，以深圳香港为核心，在城市中心区建立多个商业、科研、教育产业的地下空间综合体。将能源储存、垃圾处理、污水处理和地下水电调蓄系统等市政服务设施置于深圳北部和东部的山岭地区中。充分利用东莞市成熟的轻工业体系，在东莞和惠州市区的地下空间开发中，除建设必要的地下商业、地下休闲娱乐项目外，还应考虑通过建设地下工厂、地下生产线、地下物资流动网络，引入深圳和香港的轻工业企业，实现资源重分配和优势互补。需要注意的是，在各城市相结合的部位应注意地下农业、地下交通、地下能源贮备、地下变电站等服务设施的建设，从而更好地保护地上城市郊区的生态环境。

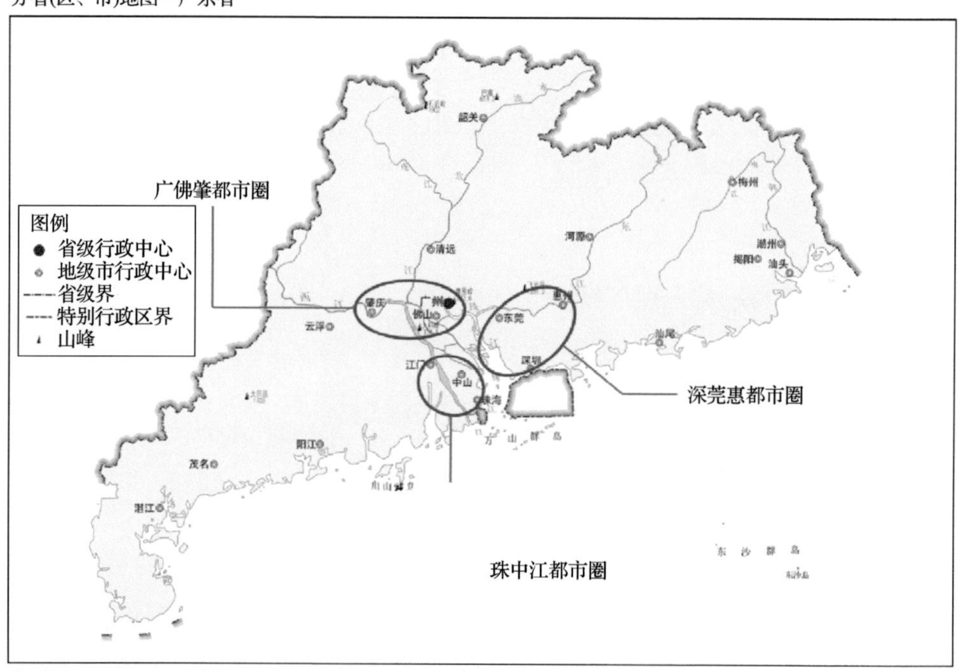

图 8-8　粤港澳大湾区都市圈

8.4.3　地下空间互联互通

粤港澳大湾区建设中，各地区的交通互联与物流互联是加快整个区域经济发展和提高城市运行效率的关键。如今的城市交通以轨道交通为主，大湾区内各城市先后建设了不同数量、不同规模的城市轨道交通，为城市内部的交通运行提供了保障。而在湾区城市群的建设过程中，则需要将这些城市内部交通相互联通，形成一个广阔的湾区城市轨道交通网络(图 8-9)。

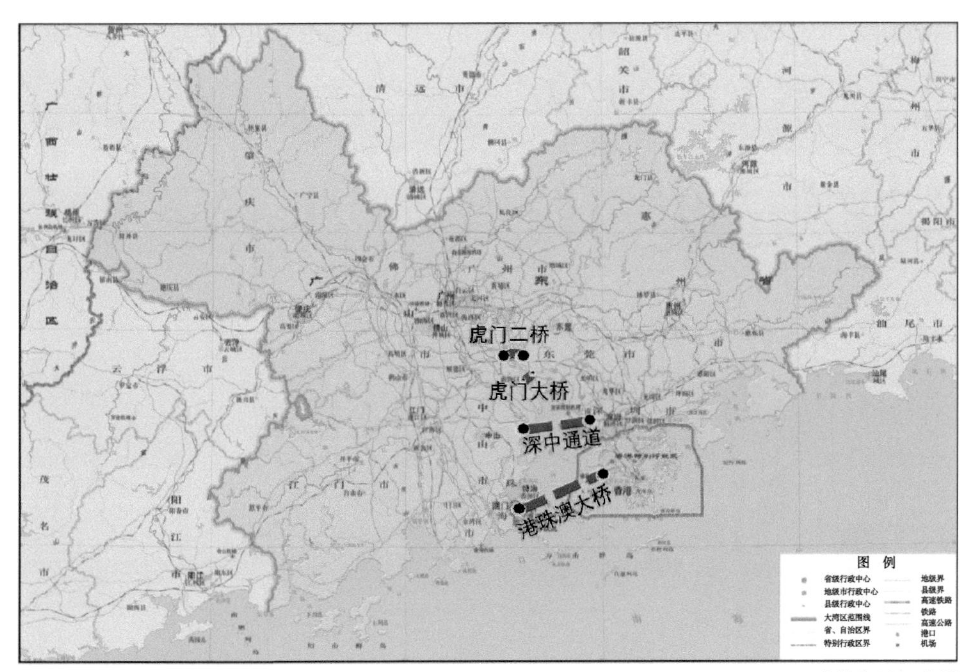

图 8-9　粤港澳大湾区交通网络

目前，粤港澳大湾区城市间的轨道交通互联尚处于规划阶段，除广州、香港、深圳、澳门外，其余城市的轨道交通发展条件尚不能完全匹配湾区城市群对交通网络建设的需求。对肇庆、惠州、江门等城市而言，除了建立可与周边城市群相协调的轨道交通通道外，还应优先考虑城市内部地下交通轨道的建设和发展，为城市群建立后人流、物流的快速流通做好充足准备。

在区域内联通工程中，多个中心城市间的交通互联已经启动。例如：

(1)广深港高速铁路(图 8-10)。设计为一条连接广州、东莞、深圳及香港的高速铁路，亦为大湾区城际快速轨道交通网的骨干部分。铁路全长 142km，最高时速可达 350km/h，建成后全程约 48min，其中香港西九龙至福田仅 14min。

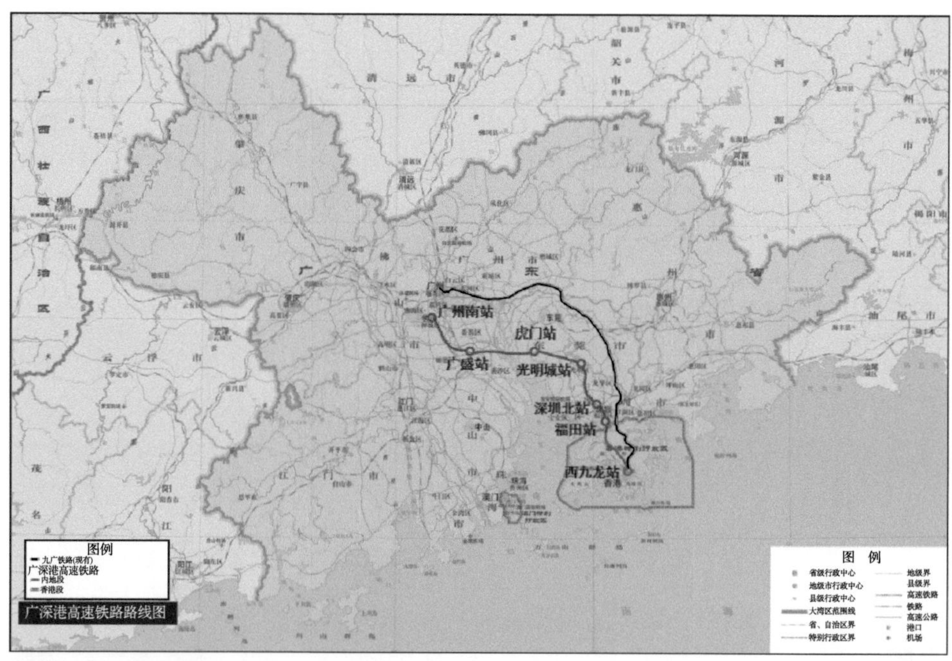

审图号：GS(2019)4342号　　　　　　　　　　　　　　　　自然资源部 监制

图 8-10　广深港高速铁路

(2)港珠澳大桥。港珠澳大桥(图 8-11)，被誉为世界第一跨海大桥，连接香港大屿山、澳门半岛和广东省珠海市，全长为 49.97km，主体工

图 8-11　港珠澳大桥

程“海中桥隧”长 35.58km，其中海底隧道长约 6.75km，桥梁长约 29km。珠海至香港的路程将缩短至半小时以内，实现珠海、澳门与香港的陆路对接，形成“1 小时交通圈”。

(3) 虎门二桥。虎门二桥全长 12.89km，投资 111.8 亿元，起于广州南沙，经海鸥岛，止于东莞沙田，对粤港澳大湾区的建设具有重要意义，它同时还是珠三角核心区新的重要过江通道。

(4) 深惠城轨。深惠城轨是由广东省发展和改革委员会牵头，前期工作由省铁路建设投资集团开展，由惠州和深圳两地政府负责建设的一条城际轨道。深惠城轨修建的目的是提高两地之间的通行效率，并且在一定程度上推动经济的进步与发展。此条线路的开通将增强深圳东部中心对前海、深圳北、惠城等地的辐射力。深惠两市将联合推动深惠城际线，争取“十三五”期间启动建设。

(5) 深中通道。深中通道(图 8-12)是集结“隧、岛、桥、水下互通”四位一体的集群工程，它将深圳市与中山市相互连接在一起，深中通道将成为连接珠江东西岸的重要通道。深中通道跨江主体工程总工期为 7 年，项目预计 2024 年 12 月建成通车。届时珠江东西两岸一桥直通，深圳至中山行车时间压缩到半个小时。

图 8-12　深中通道

(6)穗莞深城际快速轨道。穗莞深城际轨道自广州起，途经东莞，至深圳机场(预留延长至深圳福田中心区)，线路全长约 87km，总投资 196.98 亿元。在建成之后它将成为沟通广州、东莞、深圳三市的快速交通通道，穗莞深城际轨道的建成对推动珠江东岸交通建设，加快建成大湾区 1 小时经济圈、实现区域经济一体化有重要作用。

此类互通性交通工程的建设将极大缩短城市间交通运行时间，使城市群间的互联互通更为紧密。不过，目前看来，各项目的规划设计仍是分开进行，缺乏对大湾区整体交通网络的统筹规划，互通工程的总体布局仍是粤港澳大湾区建设的重点内容。

参考文献

黄群慧, 王健. 2019. 粤港澳大湾区: 对接“一带一路”的全球科技创新中心[J]. 经济体制改革, (1): 53-60.

刘介民, 刘小晨. 2018. 粤港澳大湾区新时代文化内涵[J]. 地域文化研究, (4): 24-33, 153.

刘金山, 文丰安. 2018. 粤港澳大湾区的创新发展[J]. 改革, (12): 5-13.

陶一桃. 2017. 深圳在粤港澳大湾区经济带中的地位与作用——中国三大湾区经济带比较视角[J]. 特区实践与理论, (5): 38-41.

徐俊, 余成华, 汤德刚, 等. 2012. 深圳市活断层探测与地震危险性评价[J]. 城市勘测, (1): 161-166.

姚江春, 池葆春, 刘中毅, 等. 2018. 粤港澳大湾区规划治理与协作策略[J]. 规划师, 34(4): 13-19.

张季超, 丁晓敏, 庞永师, 等. 2009. 广州市城市地下空间开发利用分析[J]. 工程力学, 26(S2): 106-114.